U0499302

长江经济带矿业城市水生态环境质量影响机制及经济转型发展路径研究

王然 成金华 姜久华 ◎ 著

中国财经出版传媒集团

经济科学出版社

Economic Science Press

·北 京·

图书在版编目（CIP）数据

长江经济带矿业城市水生态环境质量影响机制及经济
转型发展路径研究／王然，成金华，姜久华著 . -- 北京：
经济科学出版社，2025.4. -- ISBN 978 - 7 - 5218 - 6768 - 8

Ⅰ. X143；F127.5

中国国家版本馆 CIP 数据核字第 2025E4C466 号

责任编辑：顾瑞兰　武志强
责任校对：靳玉环
责任印制：邱　天

长江经济带矿业城市水生态环境质量影响机制及经济转型发展路径研究

王　然　成金华　姜久华　著

经济科学出版社出版、发行　新华书店经销

社址：北京市海淀区阜成路甲 28 号　邮编：100142

总编部电话：010-88191217　发行部电话：010-88191522

网址：www. esp. com. cn

电子邮箱：esp@ esp. com. cn

天猫网店：经济科学出版社旗舰店

网址：http：//jjkxcbs. tmall. com

固安华明印业有限公司印装

710×1000　16 开　12 印张　200000 字

2025 年 4 月第 1 版　2025 年 4 月第 1 次印刷

ISBN 978 - 7 - 5218 - 6768 - 8　定价：59.00 元

（图书出现印装问题，本社负责调换。电话：010 - 88191545）

（版权所有　侵权必究　打击盗版　举报热线：010 - 88191661

QQ：2242791300　营销中心电话：010 - 88191537

电子邮箱：dbts@ esp. com. cn）

前　言

长江经济带水生态环境保护是长江经济带生态环境保护工作的重中之重，是第一要务。然而，受传统经济发展道路的影响，长江经济带水生态环境形势依然严峻，矿业城市面临的水生态环境问题更为突出。

本书以中央提出的生态文明建设战略和习近平总书记关于生态文明建设的系列重要讲话精神为指导，以改善长江经济带矿业城市水生态环境质量为目的，构建水生态环境质量的评价模型，并从不同矿种、不同发展阶段、不同区域的视角揭示水生态环境质量的静态特征和时空动态演化规律，分析长江经济带水生态环境质量的影响机制，最后从宏观和微观两个层面提出矿业城市经济转型的发展路径。本书主要包括以下六部分内容。

第一，把握长江经济带水生态环境保护的战略定位和矿业城市发展的战略定位。长江经济带水生态环境保护应充分考虑生态宝库、战略性水源地和生态安全屏障区等战略定位，矿业城市的发展应充分考虑国家矿产资源安全的重要基地、"去矿业化"转型发展的示范基地和节约高效、环境友好、矿地和谐的绿色矿业发展示范区等战略定位。

第二，评价长江经济带矿业城市水生态环境质量。基于矿业城市水生态环境质量的特色，从水环境质量和水生态质量两方面，分别选取工业废水排放量、工业二氧化硫排放量、排污管道长度、工业（烟）粉尘排放量、工业 COD 排放量、氨氮排放量、汞排放量、镉排放量、铅排放量、砷排放量等指标，构建评价体系，运用云模型、标准差椭圆模型和耦合协调模型分析长江经济带矿业城市水生态环境质量的静态特征、时空演化规律和耦合协调态势。

第三，分析长江经济带矿业城市水生态环境质量的影响机制。在相关

1

理论分析与研究假设提出的基础上，运用长江经济带矿业城市 2012～2021 年面板数据，以及添加矿产资源开采量、政策因素、水生态环境质量的滞后因素等后的拓展 STIRPAT 模型，分析长江经济带矿业城市水生态环境质量的影响机制。

第四，模拟长江经济带矿业城市经济转型发展路径。在阐述矿产资源开发的水生态环境影响预测的总体思路基础上，分析矿产资源开发的水生态环境问题演变趋势，并构建长江经济带矿业城市经济转型发展动态模拟的模型，设置模拟情景，分析模拟结果。

第五，长江经济带矿业城市经济转型发展的微观探索。本章从微观层面出发，选取 2013～2022 年沪深 A 股上市企业数据为研究样本，建立面板模型，实证探究数字化转型、ESG 等因素对矿业城市经济转型发展的影响机制。

第六，提出水生态环境保护优先下长江经济带矿业城市经济转型发展路径。归纳总结国外水生态环境保护经验，从分类型选择产业发展与转型路径、分区域推进矿业城市可持续发展、重点矿区实行最严格的水环境保护制度、建立矿产资源生态补偿机制、推动监测巡护工作制度化体系化等方面提出矿业城市经济转型发展的路径。

本书系国家社科基金年度项目《基于 ESG 的中国钴供应链成员竞合策略与实现机制研究（24CGL100）》、教育部人文社会科学研究一般项目《长江经济带矿业城市水生态环境质量影响机制及经济转型发展路径研究（19YJCZH168）》的成果，由成金华教授负责章节设计、组织调研和定稿，王然副教授负责组织调研、内容撰写、统稿和定稿，姜久华老师负责统稿、内容撰写、修改和定稿。参加调研和内容撰写的人员还有徐子希、唐亚萌、张瀚文、杨文琳、金玲、张宇洲、余辰、石琦文、肖潇、魏丽娟、杨吉帆、史松林、甘奕和李晓童。

目　录

1

第一章 引 言

第一节 研究背景、目的及意义

一、研究背景

长江是中国第一大河、全球第三大河，拥有占全国1/3的淡水资源、3/5的水能资源储量以及丰富的水生生物资源和巨大的航运潜力，是国家战略水源地和货运量位居全球内河第一的黄金水道。长江经济带（含上海、江苏、浙江、安徽、江西、湖北、湖南、重庆、四川、云南、贵州11省市）人口稠密、经济较为发达，是世界上最大的内河产业带和制造业基地，拥有我国最广阔的腹地和发展空间，是我国发展历程最长、发展基础最好、经济规模最大的流域经济带，是全国经济最发达最活跃、综合实力最强、战略支撑最有力、发展潜力最大的区域之一。长江经济带是中国经济发展的重要优势，也是我国第一个以绿色发展为优先方向的区域战略，以长江为中心由西向东连接11个省市的经济圈，具有重要的研究意义。习近平总书记强调，推动长江经济带发展必须走生态优先、绿色发展之路，涉及长江的一切经济活动都要以不破坏生态环境为前提，长江生态环境只能优化、不能恶化[①]；长江经济带共抓大保护、不搞大开发，不是说不要大的发展，而是首先立个规矩，把长江生态修复放在首位，保护好中华民族的母亲河，不能搞破坏性开发[②]。

长江经济带水生态环境保护是长江经济带生态环境保护工作的重中之

[①] 2018年4月26日，习近平总书记在深入推动长江经济带发展座谈会上的讲话。

[②] 2018年4月24日，习近平总书记在湖北宜昌调研时的讲话。

重，是第一要务（姚瑞华等，2017）。然而，由于受传统经济发展模式的影响，长江经济带水生态环境形势依然严峻，矿业城市面临的水生态环境问题更为突出（景普秋和张复明，2007；张复明，2011；Wang et al.，2017）。长江经济带域内有铜陵、淮南、淮北、马鞍山、黄石、鄂州、郴州、攀枝花等矿业城市98座，超过全国矿业城市数量的40%。长江经济带矿产资源开发过程中引发的水生态环境问题十分突出，部分支流和湖泊水生态环境遭到破坏，长江经济带矿业城市的水生态安全、水环境安全和人居安全受到威胁。长江经济带矿业城市水生态环境质量不仅关系着自身的经济社会健康发展，同时对整个长江流域以及国家的水生态环境有着重要的影响。长江经济带矿业城市要持续稳定健康发展，其经济转型必须要在水生态环境保护方面取得突破性成果，在"共抓大保护、不搞大开发"的过程中率先作为。

具体来讲，本书的研究背景主要包括以下三个方面。

（一）长江经济带在我国国民经济发展中占有重要地位

长江经济带作为我国经济高质量发展和生态文明建设的先行示范带，是我国经济重心地区之一，是中国国民经济发展的优势所在，也是中国经济发展的活力所在。2016年9月，国务院发布了《长江经济带发展规划纲要》，提出了"生态优先，流域互动，集约发展"的发展思路，建立了"一轴两翼，三极，多点"的发展模式。

长江经济带是我国矿产资源支撑区域之一，该区域成矿条件较好，区域内矿产资源十分丰富，主要矿产资源优势明显，矿业产值持续增长，开采的种类和数量不断增加，矿业经济已具备一定的规模。截至2016年，磷、萤石、铜、钨、锡、锑等战略性矿产的产量占全国的比例均超过60%，其中磷矿产量占比更是高达96.88%[①]。2019年，稀土、钛等储量占全国80%以上，锂、钼、钨、钒等资源储量占全国50%以上[②]。2022

---

① 成金华，孙涵，王然，彭昕杰. 长江经济带矿产资源开发生态环境影响研究 [M]. 中国环境出版集团，2021.

② 重塑长江经济带矿产资源开发利用格局 发挥钨钼稀土优势 [EB/OL]. 中钨在线，https：//www.sohu.com/a/315966735_100176237，2019 – 05 – 23.

年，中国锂矿储量同比上涨 57%，其中江西储量超过青海和四川，居全国第一，占全国总量的 40%[①]。长江经济带内有云南、贵州、四川、湖南、安徽等矿业大省，有铜陵、安庆、鄂州、攀枝花等矿业城市 98 座，有安徽淮北市煤—煤化工矿业经济区、湖北鄂州市—黄石铁铜金矿业经济区等全国重点矿业经济区 29 个，有宝武钢铁、江西铜业、云铝股份等众多大型矿业企业 200 多家[②]。

（二）长江经济带矿业城市矿产资源开发与水生态环境矛盾突出

长江经济带横跨东中西三大地势阶梯，地貌单元多样，地质条件复杂，涉及重要成矿带十个，矿产资源种类多、储量大，成矿条件较好。1949 年以来，长江经济带矿产资源的开发为国家和地区经济社会发展提供了重要的原材料，是我国重要的矿产资源基地，肩负着保障国家资源供给安全的重任。资源供应保障一直是该区域矿产资源开发的主基调，矿业产值及经济总量不断提高，但由于区域矿产资源开发空间布局不合理，产业结构失衡，该区域长期违规、过量的矿产开发导致生态退化与环境污染问题日益恶化，加剧了资源开发的生态环境影响，部分支流和湖泊水生态环境遭到破坏，长江经济带矿区、矿业园区和矿业城市的生态安全、环境安全和人居安全受到威胁。

矿业城市是以本地区矿产资源开采、加工为主导产业的城市。许多矿业城市近年来依靠资源优势，过于专注于追求经济利益（Ling et al.，2024），导致煤矿等资源的过度开发，这引发了严重的生态问题，如水土流失、土地沉降及各类污染，严重阻碍了地区的可持续发展。矿业城市的生态环境问题已成为研究生态安全的重要课题，受到了学术界和社会各界的广泛重视与探讨（杨静雯等，2019）。一方面，矿业第一产业经济发展通常会发生水体污染，对水生动植物的数量和质量有较强的负面影响；另一方面，矿业城市的矿权区域、工业用地和自然保护区重叠面积高，矿产

---

① 我国"白色石油"锂矿储量大幅增长 [EB/OL]. 新华社，https：//www.gov.cn/lianbo/bumen/202306/content_6886327. htm，2023 – 06 – 14.

② 由《全国资源型城市可持续发展规划（2013—2020 年）》整理得出。

资源开发利用活动对生物多样性会产生影响，最终会对饮水安全和农产品安全造成威胁。

（三）长江经济带矿业城市经济转型发展是保护水生态环境的重要途径

《推进资源型地区高质量发展"十四五"实施方案》提出，要推动资源型地区加快转型升级、持续健康发展。长江经济带沿线已经形成了安徽淮北市煤—煤化工矿业经济区、湖北鄂州市—黄石市铁铜金矿业经济区、四川攀枝花市钒钛矿业经济区等29个全国重点矿业经济区，经济区内采掘业及相关下游产业在地方经济中占有主导地位。与第二产业相比，在长江经济带大部分矿业城市中第一产业和第三产业发展缓慢，第一产业仍以传统农业为主，由于缺乏政策以及资金支持，机械化、规模化作业尚未普及，在农产品的加工和贸易方面也未形成完整的体系，现代农业的发展几近停滞。第三产业仍以满足居民基本需求的消费性服务业为主，咨询、通信、科技等基础产业发展不足。

由于矿产资源在开发过程中，会对水生态环境造成极大影响，所以长江经济带矿业城市应改变经济发展模式，实现经济转型发展来优先保护水生态环境。矿业城市经济转型主要是将城市主导产业由现在高度依赖不可再生矿产资源的开采、加工产业转向其他产业，使城市发展摆脱对原矿业的依赖。其基本内涵包括资源结构调整及资源取向的转化，先导产业、支柱产业、优势产业的再选择、再配置，市场取向的调整，生态环境的修复，劳动力的转移培训与安置，人文价值观的转变，以及经济战略和政策的再调整过程等。

二、研究目的

本书以共抓大保护视角为基础，分析长江经济带矿业城市水生态环境保护中存在的问题，选择以水环境质量和水生态安全两方面为主的矿业城市水生态环境质量评价指标体系，构建水生态环境质量的评价模型，结合矿业城市的区域、矿种、发展阶段特征分析水生态环境质量差异化的影响机制，构建目标优化模型，提出在水生态环境保护优先下长江经济带矿业城市经济转型发展的路径。

三、研究意义

本书结合资源环境经济学理论、生态经济学理论，聚焦于"长江经济带矿业城市水生态环境质量的影响机制及经济转型发展路径"这一科学问题展开研究，一方面有利于丰富矿业城市水生态环境质量影响的理论分析框架，另一方面对于促进长江经济带各矿业城市分类施策经济转型发展，提升水生态环境质量具有重要的现实意义。

（一）有利于丰富矿业城市水生态环境质量影响的理论分析框架

现有的研究主要从宏观上把握了长江经济带面临的水生态环境问题，但对长江经济带矿业城市水生态环境的研究依旧不够。另外，国内外诸多学者对水环境质量进行了研究，主要集中在水环境质量的评价和影响因素的分析，而针对矿业城市水生态环境质量影响的研究比较少见，有关不同发展阶段、不同矿种、不同区域矿业城市水生态环境质量差异化的影响机制有待研究。

本书首先将从水环境质量、水生态安全两方面构建矿业城市水生态环境质量评价指标体系；其次结合矿业城市发展阶段、主要矿产资源种类、所属区域等特点，归纳总结分析长江经济带矿业城市水生态环境质量各维度指数和综合指数的静态特征和时空演化规律；最后分析长江经济带矿业城市水生态环境质量的影响机制。本书以矿业城市水生态环境质量为切入点，丰富了矿业城市水生态环境质量影响的理论分析框架。

（二）有利于把握长江经济带矿业城市经济转型发展的路径

"共抓大保护，不搞大开发"战略体现了我国在全球生态治理中的大国担当，是推动长江经济带发展的重大决策。它要求我们正确把握好生态环境和经济发展、自身发展与协调发展的关系。自然资源的合理开发利用和保护是实施可持续发展战略的重要保障，可持续发展的经济体系和社会体系必须建立在可持续利用的资源和环境基础上。长江经济带矿业城市在发展过程中已经出现了资源衰竭、生态环境破坏严重等问题，因此要实现长江经济带矿业城市经济可持续发展，亟须实施经济转型发展。

在宏观层面，本书提出要分类型、分区域推进矿业城市可持续发展战略，建立水环境保护制度和矿产资源生态补偿机制，推动监测巡护工作制度化体系化。在微观层面，本书运用企业面板数据实证研究了数字化转型程度、ESG等因素对矿业城市经济转型发展的影响机制，提出了矿业城市经济转型发展路径。结合宏观和微观两个层面，本书为长江经济带矿业城市经济转型发展提供了建设性意见。

第二节　研究内容与方法

一、研究思路

主要研究思路如下：首先，通过实地调研和文献资料查阅，发现并总结长江经济带矿业城市水生态环境保护中存在的问题，引出本书的研究主题；其次，构建矿业城市水生态环境质量的评价模型，归纳总结分析各维度指数和综合指数的静态特征和时空演化规律；再次，构建动态面板数据模型，分析矿业城市水生态环境质量的影响机制；最后，模拟矿业城市经济转型发展相关指标的动态调整，提出水生态环境保护优先下矿业城市经济转型发展的路径。

二、研究内容

本书以习近平生态文明思想为指导，以改善长江经济带矿业城市水生态环境质量为目的，构建水生态环境质量的评价模型，并从不同矿种、不同发展阶段、不同区域揭示水生态环境质量的静态特征和时空动态演化规律，分析长江经济带水生态环境质量的影响机制，最后提出了矿业城市经济转型的发展路径。研究内容主要包括九个章节。

第一章，引言。本章阐述研究背景、目的及意义，从长江经济带、水生态环境质量、矿业城市水生态环境质量和矿业城市经济转型发展等方面进行文献综述，提出研究思路、内容和主要创新点。

第二章，文献综述。本章主要从长江经济带、水生态环境质量、矿业城市水生态环境质量和矿业城市经济转型发展四个方面梳理了国内外文献，总结了国内外文献研究现状以及本书仍需要改进和深入的方面。

第三章，长江经济带水生态环境保护与矿业城市发展的战略定位。本章归纳整理了矿业城市发展与水生态环境保护相关的政策依据，在此基础上分别提出了长江经济带水生态环境保护和矿业城市发展的战略定位，以期从宏观上把握长江经济带矿业城市水生态环境保护的方向，为后文研究奠定基础。

第四章，长江经济带矿业城市水生态环境概况。本章从长江经济带矿业城市的分布特征及发展现状两个层面介绍了矿业城市的概况，并从"三水共治"——水资源、水环境和水生态三个维度分析了矿业城市水生态环境的基本情况。

第五章，长江经济带矿业城市水生态环境质量评价。本章基于矿业城市水生态环境质量的特色，从水环境质量和水生态质量两方面分别选取工业废水排放量、工业二氧化硫排放量、排污管道长度、工业（烟）粉尘排放量、工业COD排放量、氨氮排放量、汞排放量、镉排放量、铅排放量、砷排放量等指标构建评价体系，运用云模型、标准差椭圆模型和耦合协调模型分析长江经济带矿业城市水生态环境质量的静态特征、时空演化规律和耦合协调态势。

第六章，长江经济带矿业城市水生态环境质量的影响机制分析。本章在相关理论分析与研究假设提出的基础上，运用长江经济带矿业城市2012~2021年面板数据，以及添加矿产资源开采量、政策因素、水生态环境质量的滞后因素等后的拓展STIRPAT模型，从矿业城市总体、不同区域和不同发展阶段三个层面分析长江经济带矿业城市水生态环境质量的影响机制。

第七章，长江经济带矿业城市经济转型发展的动态模拟。本章在阐述矿产资源开发的水生态环境影响预测的总体思路的基础上，分析矿产资源开发的水生态环境问题演变趋势，并构建长江经济带矿业城市经济转型发展动态模拟的模型，设置模拟情景，分析模拟结果。

第八章，长江经济带矿业城市经济转型发展的微观探索。本章从微观层面出发，选取 2013～2022 年沪深 A 股上市企业数据为研究样本，建立面板模型，实证探究数字化转型、ESG 等因素对矿业城市经济转型发展的影响机制。

第九章，水生态环境保护优先下长江经济带矿业城市经济转型发展路径。借鉴美国、欧洲等地流域生态环境治理以及矿产资源可持续开发的实践经验，结合矿业城市水生态环境质量的影响机制，以及矿业城市经济转型发展的动态模拟结果，针对不同矿种、不同发展阶段、不同区域的矿业城市，从产业结构调整、技术创新等方面提出提升长江经济带矿业城市水生态环境质量的经济转型发展路径。

三、研究方法

（一）指标体系综合评价方法

指标体系综合评价法指的是运用多个指标对多个参评单位进行评价的方法，简称综合评价方法。本书确定好合适的研究区域后，在合理选择和精确评价的基础上，选择科学的指标构建具有长江经济带矿业城市水生态环境质量特点的指标体系，综合评估长江经济带矿业城市水生态环境质量。

（二）云模型

云模型通过云的数字特征（Ex，En，He）定量反映定性概念，Ex 为评价结果的期望值，En 为熵，反映评价结果的模糊程度，He 为超熵，反映熵的离散性。本书将云模型运用于水生态环境评价，首先构建标准云，其次计算标准云参数，再次计算综合云参数，最后基于水生态环境评价标准将水生态环境分为四类。

（三）标准差椭圆模型

标准差椭圆（SDE）模型使用带有长轴的旋转椭圆来表示离散数据的主方向，从而分析离散点数据的分布特征。本书运用标准差椭圆模型，从不同区域和不同发展阶段的角度研究矿业城市水生态环境质量的时空演化规律。

(四) 耦合协调度模型

耦合协调度模型用于分析事物的协调发展水平。本书在数据标准化和权重计算的基础上，运用 TOPSIS 和耦合协调度模型计算，首先采用极差法和变异系数法对数据进行标准化处理和各指标权重计算，然后采用加权 TOPSIS 法计算综合评价值，此后再进行耦合协调测度计算，最终得出成熟型和再生型矿业城市的水环境和水生态二者之间耦合协调发展状况。

(五) STIRPAT 模型

STIRPAT (stochastic impacts by regression on population, affluence, and technology) 模型是一个可拓展的随机性的环境影响评估模型 (通过对人口、财产、技术三个自变量和因变量之间的关系进行评估)。本书首先根据 STIRPAT 模型建立矿业城市水生态环境质量影响机制的基准模型，然后在此基础上分别建立了水生态环境特征和水生态环境质量动态影响的拓展模型，最后对样本城市 2012～2021 年数据进行固定效应分析和多重共线性检验。

(六) 情景模拟方法

情景模拟法是美国心理学家茨霍恩等最先提出的，其通过模拟实际情况进行结果预测。本书设想出矿产资源开发量情景、技术进步情景和产业结构高级化指数情景，将构建好的动态模拟模型分别在这三个情景下进行分析，预测出不同矿业城市水生态环境质量发展情况。

(七) 面板数据回归模型

面板数据回归模型是一种统计模型，它利用面板数据 (panel data)，即包含横截面数据和时间序列数据的综合，来分析变量之间的关系。为了从微观层面探究长江经济带矿业城市经济转型发展路径，本书构建基准回归模型，对 70 家公司 2013～2022 年的面板数据进行实证分析，得出数字化转型对企业高质量发展的影响机制。

四、技术路线

本书技术路线如图 1-1 所示。

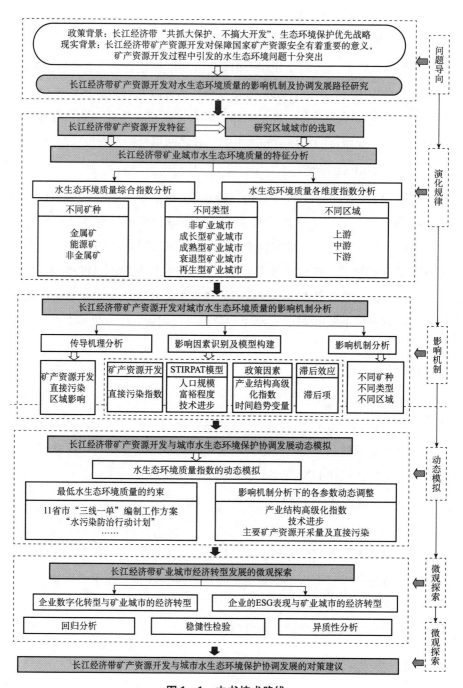

政策背景：长江经济带"共抓大保护、不搞大开发"、生态环境保护优先战略
现实背景：长江经济带矿产资源开发对保障国家矿产资源安全有着重要的意义，矿产资源开发过程中引发的水生态环境问题十分突出

长江经济带矿产资源开发对水生态环境质量的影响机制及协调发展路径研究

问题导向

长江经济带矿产资源开发特征 ⟹ 研究区域城市的选取

长江经济带矿业城市水生态环境质量的特征分析

水生态环境质量综合指数分析

水生态环境质量各维度指数分析

不同矿种	不同类型	不同区域
金属矿 能源矿 非金属矿	非矿业城市 成长型矿业城市 成熟型矿业城市 衰退型矿业城市 再生型矿业城市	上游 中游 下游

演化规律

长江经济带矿产资源开发对城市水生态环境质量的影响机制分析

传导机理分析

影响因素识别及模型构建

影响机制分析

矿产资源开发 直接污染 区域影响	矿产资源开发 直接污染指数	STIRPAT模型 人口规模 富裕程度 技术进步	政策因素 产业结构高级化指数 时间趋势变量	滞后效应 滞后项	不同矿种 不同类型 不同区域

影响机制

长江经济带矿产资源开发与城市水生态环境保护协调发展动态模拟

水生态环境质量指数的动态模拟

最低水生态环境质量的约束	影响机制分析下的各参数动态调整
11省市"三线一单"编制工作方案 "水污染防治行动计划" ……	产业结构高级化指数 技术进步 主要矿产资源开采量及直接污染

动态模拟

长江经济带矿业城市经济转型发展的微观探索

企业数字化转型与矿业城市的经济转型	企业的ESG表现与矿业城市的经济转型

回归分析	稳健性检验	异质性分析

微观探索

长江经济带矿产资源开发与城市水生态环境保护协调发展的对策建议

微观探索

图 1-1 本书技术路线

第三节　主要创新点

本书主要具有以下创新点。

（1）构建动态面板数据模型，结合长江经济带矿业城市的区域、矿种和发展阶段特征，分析矿业城市水生态环境质量差异化的影响机制。

（2）模拟水生态环境保护优先下经济转型发展相关指标的动态调整，分类施策提出长江经济带矿业城市经济转型发展的路径。

（3）从微观层面探讨矿业城市经济转型发展的路径，考虑数字化转型和 ESG 表现对经济转型发展的促进作用，为矿业城市经济转型发展提供了微观思路。

第二章 文献综述

第一节 长江经济带相关研究

长江经济带的初步构想于 20 世纪 80 年代被提出，在 2013 年以前，"中国知网"数据库 SCI、EI、北大核心、CSSCI、CSCD 期刊发表"长江经济带"的文章数量很少，年均约 20 篇；2013 年以后发文数量迅速上升，2022 年达 420 篇，2023 年 365 篇（如图 2 - 1 所示）。

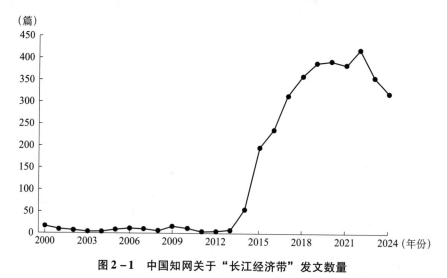

图 2 - 1 中国知网关于"长江经济带"发文数量

资料来源：根据"中国知网"数据库 SCI、EI、北大核心、CSSCI、CSCD 期刊数据作图。

早期的相关研究主要集中在长江经济带的开放开发建设上，注重对水资源的开发利用管理（柯蒂，1988；程小琴，1990）；20 世纪 90 年代逐步关注水资源开发利用与水环境污染治理并重（戴雄武和魏章英，1991；佘之祥，1993）；党的十八大报告明确提出生态文明建设以来，长江经济带的水生态受到了更高的关注（任俊霖等，2016；张晓京，2018），并进入了重视水资源、水环境、水生态"三水共治"的阶段（吴舜泽等，2016）。学者们也对矿业城市生态进行了研究（顾康康等，2008；周进生和刘固望，2009；汪克亮等，2010；仇方道等，2011），但仅有少数研究涉及长江经济带的几个矿业城市（成金华和王然，2018；陈丹和王然，2016）。这些研究从宏观上把握了长江经济带面临的水生态环境问题，但对长江经济带矿业城市水生态环境问题，尤其是水生态问题的研究有待进一步深入。

第二节　水生态环境质量相关研究

一、水生态环境质量评价相关研究

本书使用 Citespace 软件，对"中国知网"数据库中主题含有"生态环境"的期刊文献进行图谱量化分析（如图 2-2 所示），系统论述了水生态环境质量研究领域的主要内容及发展趋势。关键词是作者对文章内容的高度凝练和总结，能够反映文献的核心内容。本书通过选取每个时间切片（1 年）中出现次数前 10% 的关键词（如生态环境、绿色发展、环境质量、生态文明、长江流域、黄河流域）绘制共现图谱，关键词共现图谱关系线的颜色随时间推进由深向浅过渡，节点大小反映关键词的频次。其中生态环境、绿色发展、长江流域、黄河流域、生态文明等关键词构成的生态框架，关联性较强。从关键词共现图谱可以看出"生态环境"出现的频次是最高的，"长江流域"次之，说明近些年来不仅生态环境越来越受到重视，水生态环境质量也吸引了大量的国内学者进行广泛的研究。

已有相关研究主要集中在水环境质量和生态环境质量评价两个方面。水环境质量方面的研究已相对比较成熟，主要包括关键指标评价和综合指数评价两方面（Zhang and Liu，2002；Birch et al.，2013；Dong et al.，2014）。桑托斯等（Santos et al.，2018）选取 COD、NH4-N 等污染物浓度

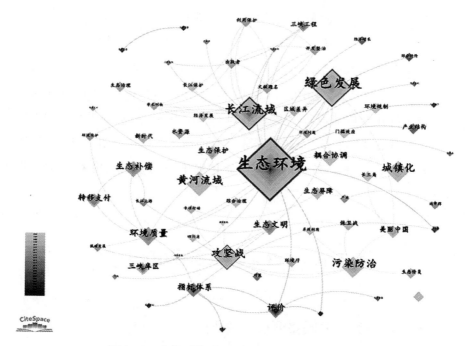

图2-2 生态环境质量相关研究关键词共现图谱

资料来源：由中国知网数据库期刊文献分析得出。

关键指标评价水环境质量。阿维拉等（Avila et al.，2018）以大肠杆菌的数量作为衡量淡水水质的指示器，认为大肠杆菌数量的增加会带来疾病风险的增加。于西龙等（2014）结合 COD、TOC 和 BOD 数据对水体环境中的有机污染物污染程度作出综合测评。李名升等（2011）以Ⅲ类水以上（含）占比和劣Ⅴ类水质比例等流域水质断面比例变化情况反映水环境质量（李名升等，2011）。在指标体系构建的基础上计算综合指数也在较多研究中得到了应用（Wei et al.，2019；Zhang et al.，2021；Duan et al.，2021），且在较多文献中涉及 COD、NH4-N、DO、TN 等污染物（Duan et al.，2021；Simeonov et al.，2003；Wan et al.，2018；Ji et al.，2020）。

水生态环境质量的评估研究在全球范围内得到了广泛关注。随着生态文明战略"五位一体"的提出，生态环境保护被上升到前所未有的高度。近年来，生态环境保护相关研究显增，其中与水生态环境保护相关的研究也较多（Xing et al.，2019；Yang et al.，2020）。左等（Zuo et al.，2021）

在中国省域生态文明评价指标体系构建中选取了人均水资源总量、万元GDP污水排放量、污水处理率等指标。刘等（Liu et al.，2018）选取了人均水资源总量、废水排放量等指标构建生态环境评价体系。罗等（Luo et al.，2021）选取了单位GDP工业废水排放量、单位工业SO_2排放量、单位GDP烟尘排放量作为环境评价体系的指标。彭定华等（2023）提出黄河流域可优先考虑构建涵盖水质、生境和生物指标的底栖无脊椎动物完整指数（B-IBI）评价体系，用于黄河流域水生态环境质量评价。杨珏婕等（2022）基于水质、生境和水生生物三大要素构建了城市河道生态环境综合评价体系。吕学研等（2020）构建了一套适合流域目标转变过程中涵盖水质和生物指标的水生态环境功能区质量评价方法。

此外，朱等（Zhu et al.，2022）提出，基于机器学习的数据驱动模型能够有效解决水质评估中的复杂非线性问题，并为水污染控制和水生态系统管理提供解决方案。刘等（Liu et al.，2016）通过水量与水质结合的综合方法，评估了水资源短缺对流域健康的影响，强调了水质改善和污染控制的重要性。安和金姆（Ahn and Kim，2017）利用SWAT模型评估了流域综合健康状况，验证了水文和水质对流域生态系统的影响。乌丁等（Uddin et al.，2021）回顾了水质指数（WQI）模型的应用，指出尽管在实际应用中存在一些不确定性，但WQI已成为评估水体质量的常用工具。关等（Guan et al.，2016）基于污染物总量控制，提出了流域水环境生态补偿标准，为流域生态保护提供了有效的政策建议。吴等（Wu et al.，2018）基于WQI模型评估了太湖流域的水质，强调季节变化和环境参数权重对水质评价的影响。库马尔和杜瓦（Kumar and Dua，2009）则利用WQI技术评估了印度拉维河的水质，指出人类活动对水质的影响显著。沃尔夫勒姆等（Wolfram et al.，2021）对欧洲水质监测数据的分析揭示，尽管监测质量有所提高，但水质依然在下降，农药是主要风险因素。其他研究如王雪松等（2022）和成金华等（2018）也从不同角度探讨了河流水生态环境质量评价体系，分析了国内外的研究进展和应用案例。总体而言，这些研究为水质评估和流域生态保护提供了多元化的方法和重要的参考。

二、水生态环境质量影响因素相关研究

水环境质量影响因素分析方法的应用相对比较成熟，如面板数据模型（何小钢和张耀辉，2012；Asici，2013；Ercolano et al.，2018）、IPAT 模型（York et al.，2003；Song et al.，2011）、STIRPAT 模型（Lin et al.，2017；Yang et al.，2018）、DEA 方法（Wang，2013；Wang et al.，2014；Geng et al.，2017）等。钱等（Qian et al.，2021）基于典型煤矿城市面板数据，主要运用系统广义矩法分析资源诅咒的存在，并尝试分析其挤出效应是否会被环境规制削弱。张等（Zhang et al.，2018）通过收集资源枯竭城市的面板数据集，从而分析影响资源枯竭城市转型效率的因素。

IPAT 模型、STIRPAT 模型等在国内的运用也比较成熟，主要运用在碳排放影响、能源消费影响、水资源消费影响、环境污染影响方面，已成为诊断因社会经济发展而产生的环境问题的有效工具（渠慎宁和郭朝先，2010；张炎治等，2010；杜强等，2012；孙长虹等，2014；黄蕊等，2016）。刘扬等（2009）利用 IPAT 模型研究经济增长与碳排放间的关系。王康（2011）将经典的 IPAT 等式扩展为包含人口、富裕程度、用水强度和产业结构 4 种影响因素的用水分析等式，研究不同因素对用水变化的影响。赵等（Zhao et al.，2014）基于扩展的 STIRPAT 模型，探讨了人口、富裕程度、城市化水平和饮食结构对农产品相关水足迹变化的影响因素。DEA 模型是处理多输入、多输出生产过程有力工具广泛应用于能源、环境领域的效率评价。林坦等（2011）运用零 DEA 模型对欧盟国家的碳排放权分配进行了研究。吴小庆等（2012）运用数据包络分析模型（DEA）研究了江苏省无锡市的农业生态效率。

在影响因素方面，徐文静（2021）指出，当前水生态环境受到社会发展的负面影响，特别是水资源的破坏问题日益突出，并强调在水环境保护中，掌握水污染现状以及影响水质改善的因素至关重要，呼吁运用技术手段来保障水环境质量的健康与稳定。翟翠霞（2020）进一步分析了影响水环境质量的因素，认为工业化和城市化进程加剧了水污染，影响了动植物及人类健康，提出应加强水生态环境保护，并展望了未来的发展趋势。从

国际视角来看，佟新华（2014）分析了日本的水环境质量影响因素，指出经济发展与技术进步对水质改善具有重要作用，而工业化、城市化等则会导致水环境恶化，建议中国借鉴日本经验，通过结构减排和技术减排来改善水生态环境质量。徐等（Xu et al.，2019）研究了丹河流域的水质，发现其季节性和空间变化显著，植被覆盖率和土地利用对水质有显著影响。林特恩等（Lintern et al.，2018）探讨了全球河流水质空间差异的关键因素，指出景观特征、气候和土地利用等因素在不同集水区之间的相互作用是影响水质的关键。邓（Deng，2020）在苏南平原研究中发现，水体面积与水质之间存在倒"U"型关系，水体面积对水质具有正向影响。李等（Li et al.，2020）在鄱阳湖的研究中显示，水文条件和邻近流域污染物是影响水质变化的主要因素。詹等（Zhan et al.，2021）通过分析澳门水源的水质，指出自然因素与人类活动共同影响水质变化，并强调了早期预测水质问题的重要性。巴特等（Bhatt et al.，2024）研究了里斯帕纳河的水质，发现气候变化和人类活动对水质的恶化具有显著影响，强调了加强河流管理和污染防治的紧迫性。总的来看，这些研究从自然、社会和技术因素等不同角度揭示了水质的复杂影响因素。

第三节 矿业城市水生态环境质量相关研究

一、矿业城市水生态环境质量评价相关研究

一些学者对长江经济带矿业城市水生态环境质量方面也进行了研究，李璇琼等（2016）以长江上游金沙江的支流雅砻江为研究对象，通过野外实地采样调查，结合 GIS 和遥感技术研究了雅砻江某铜矿区矿产资源开发的重金属污染分布特征。张等（Zhang et al.，2011）、董等（Dong et al.，2014）以长江流域支流为研究对象，评价了重金属污染状况。陈等（Chen et al.，2021）以长江经济带矿业城市之一淮南市为研究对象，评价了地下水盐碱化的成因和主导过程。刘录三等（2020）围绕长江水生态环境安全

的主要问题及形势进行了剖析，研究得出在水环境质量方面，磷污染成为制约水质改善的主要影响因素。张毅敏等（2022）以长江沿线城市扬州为研究对象，根据城市实际发展问题解析水环境问题，并提出了相应解决策略。陈善荣等（2022）基于国家地表水环境质量监测网，收集整理了"十三五"时期长江经济带地表水 1178 个可比断面监测数据，结合人口、社会经济、污染排放等数据，分析了长江经济带水环境变化和社会经济发展各项指标之间的相关性。彭令等（2019）创新运用基于光谱曲线形态特征的高光谱遥感水质参数定量反演模型方法，对矿兴市水质进行了检测分析。

矿业城市生态环境质量的研究通常涉及其水生态环境质量评价。成金华等（2018）运用熵权法和指标体系综合评价法，测算了长江经济带矿业城市水生态环境质量综合指数和各维度指数，分析了不同空间、不同矿种、不同发展阶段的矿业城市水生态环境质量指数的差异性和各维度指数的空间差异性。冯思静等（2013）采用了模糊聚类分析法，选取位于中国辽宁省西北部的煤炭资源型城市阜新市，对位于阜新境内的辽河支流——柳河、绕阳河和养息牧河的地表水环境监测断面进行了聚类分析，反映出了多因子共同作用下的地表水环境质量状况。顾康康等（2008）选取辽中地区的矿业城市鞍山、抚顺和本溪，依据国内外水资源供需平衡研究成果以及辽中地区矿业城市实际情况，建立了辽中地区矿业城市水资源供需平衡分析框架。徐悦等（2023）以 DCSM 模型和质性分析结果为框架，利用随机森林降维，确定了 12 个高相关指标作为综合评价体系，结合加权秩和比模型和对抗解释结构模型对长江经济带 11 个省份水生态环境定级，并依据优劣程度确定排名。徐芬芳等（2024）采用模糊综合评价法、内梅罗指数法、最近邻法分析嘉陵江干流及涪江、渠江两个主要支流的水质变化特征，为嘉陵江流域的污染治理和水生态修复提供支撑。黄泽霖等（2023）使用指数法和模糊综合评价法分别对选取的 12 处地表水和 14 处地下水水质数据进行了分析与评价。胡东滨等（2019）提出一种水质综合评价方法，通过建立水质综合评估模型和信度分布函数将水质指标的监测值转化为各评估等级的置信度，结合证据推理的合成规则和算法计算出各评估等级的概率分布，并引入效用理论实现水质的相互比较。李连香等（2015）

以水文地质调查数据以及取样分析结果为依据，在主成分分析的基础上，构造分层构权主成分分析评价法，并借助 Arc GIS 描述地下水水质区域差异性。

二、矿业城市水生态环境质量影响因素相关研究

水生态环境影响被作为矿产资源开发环境影响的一个方面被广大学者关注。矿产资源开发会对水资源、水环境、流域流量等产生影响（高志强和周启星，2011；吴文盛等，2020），目前已建立了多种资源环境影响分析框架。辛格（Singh，1999）建立了矿产资源开发利用的环境效应理论分析基本框架，斯蒂恩等（Steen et al.，2000）提出了环境优先策略分析方法，用以分析矿产资源开发造成的水污染、土地退化等环境问题；康（Kang，1994）提出了矿产资源开发的环境效应因子权值定量化模型；劳伦斯（Lawrence，1994）采用系统流图法刻画矿产资源开发多层级的环境直接与间接影响；加赖贝（Gharaibeh，2017）通过构建包括产业结构、技术进步、政府管理等维度的环境影响系统评价体系，量化矿产资源开发的环境损失。基于上述模型和方法，帕吉奥拉等（Pagiola et al.，2005）、郑娟尔等（2010）及卡帕皮纳和拉扎尔（Căpăþînă and Lazăr，2008）以区域和国家为研究对象，分别选取拉丁美洲、澳大利亚和罗马尼亚，对矿产资源开发的环境问题进行了实证研究；奇尔卡特等（Chikkatur et al.，2009）、帕克等（Park et al.，2001）和杨丹辉等（2014）则分别以锡矿、煤矿和稀有矿产为案例就其开发造成的生态环境影响进行了分析。也有学者定性地分析了矿产资源开发的环境影响（成金华和彭昕杰，2019；杨丹辉等，2014）。

水生态环境质量受到国家政策、人口数量等多方面的影响。杨志峰等（2004）分析了辽中地区矿业城市需水量与人口总数、单位 GDP 水耗、采矿业产值占工业产值比重、第一产业占 GDP 比重、第二产业占 GDP 比重、万元工业产值废水排放量、生活污水处理率、化学需氧量排放强度、氨氮排放强度、工业用水重复率的相关性。政府的决策行为对辽中地区矿业城市的水资源供需平衡变化有着积极影响。朱青等（2019）提出在城市群

中，经济发展较快、人类活动较为频繁的地区生态环境质量相对较差且不同区域水生态环境质量受影响的程度不同。

第四节 矿业城市经济转型发展相关研究

国外早在 20 世纪 70 年代就有关于矿业城市转型的研究，代表学者有布拉德伯里（J H Bradbury）、波特斯（Potters），分别研究了澳大利亚、美国矿业城市的转型发展，布拉德伯里在澳大利亚矿业地区综合分析的基础上，找出了当时该地区发展的存在的问题，提出了针对性的发展建议，具体来说包括设置一定的警示机制、设立资金补助、产业转型基金、岗位转型教育等方面；波斯特通过对美国矿业城市的深入分析，结合马克思主义经济学家的相关经济学观点，提出了在美国北部几个州内的矿业城市发展中，体现出了明显的中心外围结构。美国休斯敦在石油开采业出现滑坡时，转向石油周边产业的机械、钢铁、水泥等各个产业发展，通过着力培养支柱产业、重视产业链延伸、发展高新科技形成多元化的产业格局，以及发展现代服务业，打造功能完善的国际化大都市等方式，成功完成经济转型。德国鲁尔地区曾是"德国的工业引擎"，但在 20 世纪 50 年代也出现了主导产业衰退、失业率增加、人口大量外流等问题，陷入经济和社会发展的多重危机之中；为了实现地区工业生产、城市建设、交通和环境保护等各方面的成功转型，鲁尔地区将全区分成"南方饱和区""重新规划区"和"发展地区"三个部分，并提出相对应的战略规划；同时，调整产业结构、收缩传统行业，发展多元化经营企业和科教行业，改善政治环境等各类问题，鲁尔地区再度成为欧洲产业区条件最好的地区之一，成为欧洲的"新经济的典范"（彭华岗和侯洁，2002）。法国洛林地区曾是法国东北部重要的以煤、钢等传统产业为主的老工业基地，但自 20 世纪 60 年代以来，其三大经济支柱的冶金、煤炭和纺织业开始出现明显衰退，法国通过缩减煤炭和钢铁等传统产业的生产能力、应用高新技术改造传统产业和大力发展新兴产业等方式进行转型，使这一地区彻底转变为以高新技术产业、复合技术产业为主的环境优美的新兴工业区，成为法国吸引外资的最主要地区（中国国土资源经济研究院，2018）。针对 20 世纪 60 年代产煤地区的发展困境，日本政府多次修订了煤炭政策，制定了一整套相应的对策措施，不断调整国内煤炭工业的结构，在中央政府的支持下，北九州地区的经济结构得以重新构造，使之由传统的产煤区转变成为日本新兴高新技术产业区（张以诚，2005）。可见，美国和澳大利亚是以市场选择为主导的模式进行转型发展，这与两国的矿业产业完全依赖于市场经济是相符的；然而，日本的转型是以政府主导的转型模式，这与二者没有足够的国土和矿产接续资源消化转型的产业和人员，以及二者的转型都是在资源接近枯竭或为其他能源所替代的情况进行的是相关的（孙雅静，2004）。

21 世纪初我国较多学者展开了矿业城市经济转型发展的研究（丁磊和施祖麟，2000；沈镭和万会，2003；高峰等，2004；范育新等，2004），主要从宏观角度提出国家矿业城市经济转型发展的对策（樊杰等，2005；董锁成等，2007；韩丽红和雷涯邻，2008），或以一个或两个典型矿业城市为例提出经济转型发展的对策（万会和沈镭，2004，2005；汪安佑和余际从，2005），而后，也有较多学者在面板数据模型、系统动力学、目标优化模型指标体系综合评价法等定量分析方法的基础上提出矿业城市转型发展的路径（Ge and Lei，2013；Zeng et al.，2016；He et al.，2017；Chen and Lei，2018；车晓翠和张平宇，2011；胡春生和莫秀蓉，2016；刘晓萌等，2017；王镝和张先琪，2018），以系统动力学仿真建模对矿产资源开发与资源环境耦合的动态模拟研究最为典型。乔国通等（2017）运用系统动力学理论和方法，研究了淮南市矿业城市的转型发展，认为不断增加对高新技术产业的投入是确保淮南市经济平稳增长、实现成功转型升级的最佳政策选择（乔国通等，2017）。乌拉尔·沙尔赛开和杨海平（2018）构建了矿业城市转型阶段识别的指标体系和划分标准，可有效揭示不同类型和发展阶段的矿业城市转型阶段特征，其研究认为，吉林省 15 个矿业城市整体上处于"初始转型阶段向基本转型阶段"过渡时期（乌拉尔·沙尔赛开和杨海平，2018）。刘小玲等（2022）提出，国家层面要统筹推进自然资源资产的产权制度改革，建立健全补偿机制；城市层面要引导要素流动以建设多元化的产业体系，依靠接替产业和新兴产业为矿业城市发展赋能。何嘉敏（2022）通过对2001～2021年资源枯竭城市转型文献的梳理，发现该领域研究经历了先上升后下降的趋势，研究主题涵盖了城市现状、转型路径及绩效评估等多个方面。张继飞等（2022）则进一步运用文献计量工具探讨了国内资源型城市转型研究的载文期刊分布、研究合作网络及研究内容，指出资源型城市的研究经历了"缓慢启动""快速发展"和"稳步调整"三个阶段，研究重点逐渐从经济转型扩展到低碳发展、城镇化等多维度议题。张文忠和余建辉（2023）认为，当前中国已经形成了以资源枯竭城市转型发展、资源富集城市创新发展、独立工矿区改造提升和采煤沉陷区综合治理为重点的"四位一体"的发展政策框架，其中转型模式主要包括绿色转型、文化旅游转型、多元化发展、平台依托型发展和区域一体化发展等模式。刘霆和申玉铭（2023）认为，交通运输业等传统服务业部门对城市转型的经济效应为负向，信息传输等高端服务业部门的效应为正向；服务业对煤炭型城市转型的经济效应为正向。徐维祥等（2023）提出，资源型城市转型绩效存在明显的空间分异性，发展格局由以跨越区为核心的"多点式"零星分布向先行区为核心的"组团式"聚集形态演变。

基于具体案例的研究也得到了广泛关注。薛巍等（2021）以抚顺西露天矿为例，提出城市型矿区的转型应注重空间结构和功能的协同发展。李等（Li et al.，2015）以中国大庆为案例，探讨了转型经济体中的采矿城市如何应对资源枯竭，并强调了多层次治理框架在转型过程中的重要性。焦等（Jiao et al.，2021）通过文献和政策分析，总结了中国采矿城市在可持续转型中的挑战，特别是对长期规划和经济多样化的需求。毛等（Mao et al.，2021）提出了基于规则挖掘技术的产业结构优化模型，揭示了资源型城市产业转型的潜在路径。钱等（Qian et al.，2021）则从环境规制角度探讨了"资源诅咒"的传导效应，并指出适当的环境政策可以推动煤矿城市的绿色转型。总的来看，矿业城市的转型研究既涉及经济结构优化、政策设计，也涵盖了生态可持续性、产业结构调整等方面，这些研究为应对资源枯竭城市的复杂挑战提供了理论基础和实践指导。

也有学者关注到了从微观层面研究城市经济转型发展。企业作为城市经济的重要组成部分，对城市经济转型发展具有重要影响。夏永祥和沈滨（1998）认为，资源开发型企业是所在城市兴起的缘由与经济主体，这类企业与城市的兴衰及资源的赋存量有着密切关系。国凤兰等（2002）以矿产企业为研究对象分析其对矿业城市的经济辐射规律，并对辐射的阶段性、层次性、叠加性进行了探讨和研究。中国社会科学院当代中国研究所第二研究室国情调研组（2014）以六盘水市三线建设时期兴办的大型国有企业为研究对象，分析了其对六盘水这个资源型城市转型发展的影响，并总结出六盘水市转型发展的思路。王成韦等（2019）基于网络博弈动力学理论和熵值 TOPSIS 算法，研究了企业联盟背景下城市之间的经济联系和功能，发现制造业的企业联盟对长三角城市群的整体经济关联影响大。龙等（Long et al.，2024）采用 SBM-DDF 模型实证研究结果表明，企业的数字化转型能够显著促进城市发展，通过建立微观层面的实证基础为城市转型提供切实可行的路径。林川等（2024）以 2013～2021 年中国沪深 A 股上市公司为样本实证检验结果表明，企业数字化转型对城市经济活力有显著的正向影响。

企业是拉动城市经济发展的重要力量，企业高质量发展对城市经济发展存在积极作用，关于企业高质量发展的研究，学者主要从 ESG 表现、数字化转型、人力资本、环境保护等角度进行。边璐等（2022）探究政府补贴对战略资源行业全要素生产率（TFP）的非线性影响，发现补贴政策对稀土企业 TFP 具有双门槛作用，并提出相应的政策建议，以期推动战略资源企业高质量发展。朱清等（2022）总结我国矿业 ESG 相关政策和实践指出，ESG 管理可以有效提升矿业企业竞争力，为矿业 ESG 政策和标准的出台提供参考意见。张等（Zhang et al.，2023）以 2001～2020 年中国上市金属企业为例实证检验数字化转型对企业价值的影响发现，数字化转型极大提高金属公司的企业价值，为金属企业更好地进行高质量发展提供有价值参考。周等（Zhou et al.，2023）以环境保护的视角研究 2013～2020 年长江经济带矿业公司面板数据，发现环境保护与企业经济效应之间存在非线性关系，且不同公司对环保方面考虑的侧重点不同，为矿业公司的绿色低碳转型高质量发展提供参考。周等（Zhou et al.，2024）采用文献分析、定性和定量方法以及结构方程模型（SEM），分析 2011～2018 年深圳证券交易所上市的 6334 家矿业公司数据，发现社会责任和信息技术能够推动企业高质量发展。郑明贵等（2024）利用 2010～2021 年沪深 A 股上市资源型企业数据进行实证分析，发现合理的战略差异能缓解资源型企业融资约束进而提高企业全要素生产率，为资源型企业的高质量发展提供有益的理论指导和经验证据。

第五节 文献评述

现有研究对长江经济带水生态环境质量和矿业城市经济转型发展作了许多的理论和实证研究，这对我国长江经济带矿业城市水生态环境保护和经济转型发展提供了依据。然而，对待长江经济带矿业城市水生态环境问题，必须结合长江经济带特殊的战略定位和优势来完成。已有文献基于水生态环境保护优先角度探讨长江经济带矿业城市水生态环境质量差异化的影响机制及经济转型发展路径的研究非常少见。

本书仍然有一定的改进和深入空间，主要表现在：第一，国内现有研究多从区域（东中西、上中下游）维度研究矿业城市生态环境质量的影响机制，而长江经济带矿业城市除了区域特征外，还有矿种特征和发展阶段特征，其水生态环境质量差异化的影响机制有待进一步深入分析；第二，长江经济带有其特殊的战略地位和优势，长江经济带矿业城市的经济转型发展应充分考虑长江经济带生态环境保护优先战略和水生态环境保护的重中之重的地位。

鉴于此，本书基于"共抓大保护"视角，分析长江经济带矿业城市水生态环境保护中存在的问题，构建水生态环境质量的评价模型，结合矿业城市的区域、矿种、发展阶段特征分析水生态环境质量差异化的影响机制，构建模拟模型，提出在水生态环境保护优先下长江经济带矿业城市经济转型发展的路径。

第三章　长江经济带水生态环境保护与矿业城市发展的战略定位

在水生态环境保护优先的前提下，要找到适合矿业城市经济发展的路径，首先要收集整理国家各部委及省市级政府出台的相关政策文件，理解水生态环境保护以及矿业城市发展的政策依据，其次要分析长江经济带水生态环境保护的战略定位以及矿业城市发展的战略定位。

第一节　水生态环境保护与矿业城市发展的政策依据

要科学评价长江经济带矿业城市水生态环境质量状况，分析其影响机制，厘清转型发展的路径，必须准确理解中央相关文件中关于矿业城市发展、矿产资源开发和生态环境保护的相关论述，深刻领会矿业城市发展与水生态环境保护的政策依据。

一、水生态环境保护的政策依据

长江经济带作为重大国家发展战略区域，已有较多文件涉及其生态环境保护。根据《全国主体功能区规划》（2011年），长江经济带主要涉及：①优化开发区（长三角地区）；②重点开发区（江淮地区、长江中游地区、成渝地区、黔中地区、滇中地区）；③限制开发区（长江流域农产品主产区、三江源草原草甸湿地生态功能区、三峡库区水土保持生态功能区、川滇森林及生物多样性生态功能区、藏东南高原边缘森林生态功能区、三江平原湿地生态功能区）；④禁止开发区（国家级自然保护区、世界文化自然遗产、国家级风景名胜区、国家森林公园、国家地质公园）。

《长江经济带发展规划纲要》（2016 年）提出，长江经济带的战略定位为生态文明建设的先行示范带、引领全国转型发展的创新驱动带、具有全球影响力的内河经济带、东中西互动合作的协调发展带。要坚持生态优先、绿色发展，坚持一盘棋思想，理顺体制机制，加强统筹协调，处理好政府与市场、地区与地区、产业转移与生态保护的关系，加快推进供给侧结构性改革，更好发挥长江黄金水道综合效益，着力建设沿江绿色生态廊道，着力构建高质量综合立体交通走廊，着力优化沿江城镇和产业布局，着力推动长江上中下游协调发展，不断提高人民群众生活水平，共抓大保护，不搞大开发，努力形成生态更优美、交通更顺畅、经济更协调、市场更统一、机制更科学的黄金经济带，为全国统筹发展提供新的支撑。

《长江经济带生态环境保护规划》（2017 年）提出，坚持生态优先、绿色发展，以改善生态环境质量为核心，坚持一盘棋思想，严守资源利用上线、生态保护红线、环境质量底线，建立健全长江生态环境协同保护机制，共抓大保护，不搞大开发，确保生态功能不退化、水土资源不超载、排放总量不突破、准入门槛不降低、环境安全不失控，努力把长江经济带建设成为水清地绿天蓝的绿色生态廊道和生态文明建设的先行示范带。

《国民经济和社会发展第十四个五年规划纲要》（2020 年）提出，坚持生态优先、绿色发展和共抓大保护、不搞大开发，协同推动生态环境保护和经济发展，打造人与自然和谐共生的美丽中国样板。持续推进生态环境突出问题整改，推动长江全流域按单元精细化分区管控，实施城镇污水垃圾处理、工业污染治理、农业面源污染治理、船舶污染治理、尾矿库污染治理等工程。深入开展绿色发展示范，推进赤水河流域生态环境保护。实施长江十年禁渔。围绕建设长江大动脉，整体设计综合交通运输体系，疏解三峡枢纽瓶颈制约，加快沿江高铁和货运铁路建设。发挥产业协同联动整体优势，构建绿色产业体系。保护好长江文物和文化遗产。

水生态环境保护是长江经济带环境保护的重中之重，也有较多文件聚焦于区域水生态环境保护。《水污染防治行动计划》（2015 年）提出，充分考虑水资源、水环境承载能力，以水定城、以水定地、以水定人、以水定产。重大项目原则上布局在优化开发区和重点开发区，并要符合城乡规划和土地利用总体规划。

《长江经济带取水口排污口和应急水源布局规划》（2016 年）提出，提高长江经济带城市供水安全保障率，增强应急供水保障能力，实现长江经济带沿江地区供水安全和生态安全，为建设长江绿色生态廊道提供支撑。

《关于落实〈水污染防治行动计划〉实施区域差别化环境准入的指导意见》（2016 年）提出，对确有必要的符合区域功能定位的建设项目，在污染治理水平、环境标准等方面执行最严格的准入条件，清洁生产要达到国际先进水平。保护河口和海岸湿地，加强城市重点水源地保护。

《长江经济带生态环境保护规划》（2017 年）提出，确立水资源利用上线，妥善处理江河湖库关系。强化水资源总量红线约束，促进区域经济布局与结构优化调整。加强流域水资源统一管理和科学调度，深入开展长江流域控制性工程联合调度。

《长江三角洲区域一体化发展规划纲要》（2019 年）提出，扎实推进水污染防治、水生态修复、水资源保护，促进跨界水体水质明显改善。持续加强重点饮用水源地、重点流域水资源、农业灌溉用水保护，严格控制陆域入海污染。

《中华人民共和国长江保护法》（2021 年）提出，为了加强长江流域生态环境保护和修复，促进资源合理高效利用，保障生态安全，实现人与自然和谐共生、中华民族永续发展，其内容规定了长江流域经济社会发展应坚持生态优先、绿色发展，共抓大保护、不搞大开发；明确了国家建立长江流域协调机制，统一指导、统筹协调长江保护工作；对长江流域的水污染防治、禁捕退捕、非法采砂等问题都作出了严格规定。

《关于进一步推动长江经济带高质量发展若干政策措施的意见》（2023 年）强调，推动长江经济带高质量发展，根本上依赖于长江流域高质量的生态环境。要毫不动摇坚持共抓大保护、不搞大开发，在高水平保护上下更大功夫，守住管住生态红线，协同推进降碳、减污、扩绿、增长。

《生态保护补偿条例》（2024 年）提出，国家鼓励、指导、推动生态受益地区与生态保护地区人民政府通过协商等方式建立生态保护补偿机制，开展地区间横向生态保护补偿；地区间横向生态保护补偿针对江河流域上下游、左右岸、干支流所在区域等开展。这些政策措施有助于调动各方积极性，共同参与长江水生态环境保护。

《关于进一步做好金融支持长江经济带绿色低碳高质量发展的指导意见》（2024 年）提出，坚持生态优先、绿色发展，以科技创新为引领，统筹推进生态环境保护和经济社会发展，进一步做好金融支持和服务工作，更好推动长江经济带绿色低碳高质量发展。从大力发展绿色金融，推动绿色金融与科技金融、数字金融协同发展，推动绿色金融与普惠金融、养老金融协同发展，扎实做好金融风险评估和防控工作四方面提出 16 项重点任务，并提出加强组织领导、加强宣传引导、加强监督管理三项保障措施，对做好金融"五篇大文章"，推动长江经济带高质量发展具有重要意义。

《长江经济带—长江流域国土空间规划（2021—2035 年）》（2024 年国务院批复同意）提出，到 2035 年，长江经济带—长江流域在耕地保有量不低于 39.98 万平方千米；其中永久基本农田保护面积不低于 33.23 万平方千米；生态保护红线面积不低于 80.66 万平方千米；城镇开发边界面积控制在 7.97 万平方千米以内；用水总量不超过国家下达指标，其中 2025 年不超过 2783.5 亿立方米。

二、矿业城市发展的政策依据

《全国资源型城市可持续发展规划（2013—2020 年）》提出，资源型城市分为成长型、成熟型、衰退型和再生型四种类型，要规范成长型城市有序发展，推动成熟型城市跨越发展，支持衰退型城市转型发展，引导再生型城市创新发展。坚持有序开发、高效利用、科学调控、优化布局，努力增强资源保障能力，促进资源开发利用与城市经济社会协调发展。

《全国矿产资源规划（2016—2020 年）》提出了五点要求：保障国家能源安全、推动矿业转型升级、推动绿色矿业发展、引领矿产资源管理改革、助力脱贫攻坚。规划到 2020 年，初步建立安全稳定的资源保障体系，形成节约环保的绿色矿业发展模式，建成开放有序的现代矿业市场体系，提升矿业发展的质量和效益，塑造资源安全与矿业发展新格局。

多个省自治区市印发了其矿产资源规划（2021—2025 年）。《江苏省矿产资源总体规划（2021—2025 年）》提出，对接江苏多重发展战略、矿产加工产业产能需求、长江经济带高质量发展要求，以及美丽江苏建设，实现"双碳"目标的要求，要优化开发布局，重点保障水泥、岩盐、芒硝、金红石、石榴子石、石英等矿业加工发展需求，推进矿业转型升级和高质量发展。

《浙江省矿产资源总体规划（2021—2025 年）》提出，到 2035 年，基本实现全省矿业现代化，矿业发展与生态文明有机融合，矿产资源对经济社会发展的支撑性作用更加明显，矿产资源勘查开发全生命周期绿色管控全面实现，矿产资源利用更加集约高效，智能化绿色矿山建设领跑全国，数字地矿基本建成，"未来矿山"初见成效，全省矿产资源治理体系和治理能力现代化基本实现。

《安徽省矿产资源总体规划（2021—2025 年）》提出，统筹矿产资源禀赋、开发利用现状、矿业集群分布的情况，推动"一圈五区"协调发展，打造勘查开发战略布局、构建勘查开发保护新格局，将全省分为皖北能源资源保供区、皖江矿产资源接续区、皖西大别山区、皖南山区四个区域进行规划管控。

《湖北省矿产资源总体规划（2021—2025 年）》提出，到 2025 年底，矿业绿色发展模式逐步完善，资源供给质量和效益稳步提升，资源安全风险管控能力显著增强，矿山生态环境持续好转。

《湖南省矿产资源总体规划（2021—2025 年）》提出，执行最严格的耕地保护制度，禁止开采可耕地的砖瓦用黏土矿；落实汞公约公告，不再新建汞矿山，禁止开采新的原生汞矿，逐步关停现有汞矿山；全面退出单一利用的石煤矿开采；全省矿山数量将控制在 3000 个以内，提高大中型矿山比例至 30%，形成以大中型矿山为主体的开发格局。

《重庆市矿产资源总体规划（2021—2025 年）》提出，综合考虑市域范围内不同区域的区位优势、经济发展、资源禀赋、开发现状、产业发展和资源环境承载力，明确不同区域差别化的发展定位和政策导向，强化矿业功能区布局，在主城都市区重点勘查开发能源化工建材矿产资源，渝东北重点勘查开发化工建材矿产资源，渝东南重点勘查开发有色化工建材矿产资源。

《四川省矿产资源总体规划（2021—2025年)》提出，以"生态优先、绿色发展"为宗旨，聚焦"碳达峰、碳中和"战略目标，把生态文明理念贯穿到矿产资源勘查、开发与保护全过程，强化矿产资源开发合理布局与节约集约利用，推动矿业领域绿色低碳发展。筑牢长江黄河上游生态安全屏障，明确长江干流和主要支流以及黄河主要支流两岸3千米范围内，除国家和省级重点高速公路、铁路建设项目所急需矿产资源以及已设探矿权转采矿权外，原则上不新设露天开采规划区块。严格落实国土空间规划管控要求和生态环境准入条件，全面加强绿色勘查实施，持续推进绿色矿山建设，加强矿区生态保护修复。

《云南省矿产资源总体规划（2021—2025年)》提出，严格新建矿山准入，逐步提高大中型矿山比例，采矿权总数在2020年基础上进一步减少。推进绿色勘查和绿色矿山建设，推动优势资源规模开发和高效利用，不断提高矿山智能化建设水平。统筹开展历史遗留矿山生态修复和综合治理工作，全省在建与生产矿山地质环境得到有效保护和治理。

《贵州省矿产资源总体规划（2021—2025年)》提出，到2025年，矿产资源调查勘查程度不断提高，地质找矿取得突破，战略性矿产资源保障程度持续提升，矿产资源勘查开发利用与保护布局更加合理，资源节约集约和综合利用水平进一步提高，矿业经济体系得到调整与优化，绿色矿业发展持续推进，形成矿业开发与生态环境保护协调发展的局面。

《自然资源部关于推进矿产资源管理改革若干事项的意见（试行)》(2019年)提出，为贯彻落实党中央、国务院关于矿业权出让制度改革、石油天然气体制改革、加强重要能源矿产资源国内勘探开发和增储上产等决策部署，充分发挥市场在资源配置中的决定性作用，更好发挥政府作用，就深化矿产资源管理改革提出意见。全面推进矿业权竞争性出让，严格控制矿业权协议出让，积极推进"净矿"出让，实行同一矿种探矿权采矿权出让登记同级管理，强化矿产资源储量评审备案。

《自然资源部关于公布绿色矿业发展示范区名单的公告》（2020 年）公布了全国绿色矿业发展示范区名单，推动矿业城市向绿色发展转型，对于入选的示范区在政策、资金等方面会有一定的支持和引导，促进矿业城市在资源开发的同时注重生态环境保护。

《全民所有自然资源资产所有权委托代理机制试点方案》（2022 年）提出，针对全民所有的土地、矿产、海洋、森林、草原、湿地、水、国家公园等 8 类自然资源资产（含自然生态空间）开展所有权委托代理试点，明确所有权行使模式，编制自然资源清单并明确委托人和代理人权责，依据委托代理权责依法行权履职，研究探索不同资源种类的委托管理目标和工作重点，完善委托代理配套制度。

《自然资源部关于完善矿产资源规划实施管理有关事项的通知》（2024 年）提出，支持大型矿产资源企业发挥领军作用，整合资源勘查开采，推动新建、改扩建一批大中型矿山，加快在建矿山达产达效，构建以大中型矿山为主体的开发格局。强化规划数据库建设和管理系统应用，提高信息化服务水平。落实国家资源安全战略，发挥矿产资源规划引领支撑作用，服务矿产资源管理改革大局和找矿突破战略行动，更好引导矿产资源合理勘查开采，助力增储上产，推动矿业绿色转型和高质量发展。

第二节　长江经济带水生态环境保护的战略定位

一、我国重要的生态宝库

长江经济带山水林田湖草浑然一体，是我国重要的生态宝库。长江经济带地跨三大温度带，具有复杂多样的地貌类型和生态系统类型，包括热带森林、亚热带常绿阔叶林和湿地等生态系统类型，生态多样性较为丰富。在森林资源方面，长江经济带的森林资源占全国的 1/4，面积高达61.87 万平方千米，森林覆盖率达 41.3%；在湿地资源方面，长江经济带占据了全国 20% 左右的湿地资源，湿地面积超过 25 万平方千米，湖区面积达到 1.7 万平方千米，有 760 个面积大于 1 平方千米的湖泊，具有较好的水质净化功能；在生物多样性方面，长江经济带是珍稀濒危野生动植物集中分布区域，物种资源丰富，银杉、水杉、珙桐等珍稀植物占到全国总数的 39.7%，还有中华鲟、江豚、金丝猴等珍稀动物。[①]

二、中华民族战略性水源地

长江蕴藏着丰富的水资源，是中华民族战略性水源地，水资源总量达到 999958 亿立方米，占全国水资源总量的 35%，高于全国平均值的 1 倍以上，是中华民族生存的基础，也是中华民族可持续发展的支撑。长江水资源在满足区内 4.3 亿人口用水需求的同时，还通过"南水北调""滇中引水""引汉济渭""引江济淮"等调水工程惠及中原、华北和山东半岛等地区数千万人；实现农田灌溉面积 14.87 万平方千米，灌溉全国 35% 的耕地，粮棉油产量占全国 40% 以上。[②]

三、我国具有全局意义的生态安全屏障区

长江经济带是我国具有全局意义的生态安全屏障区，是"两屏三带"的主体，也是我国的生态主轴，具有保持水土、涵养水源的功能，对我国的生态安全具有重要意义。"黄土高原—川滇生态屏障"很大程度上保障了长江的生态安全。长江流域山水林田湖草浑然一体，水土保持、洪水调蓄功能较好，是我国重要的东西轴向生态廊道，金沙江岷江上游、"三江并流"地区、丹江口库区、嘉陵江上游、武陵山、新安江上游和湘资沅上游等地区是重点水土保持区域。

---

①② 成金华，孙涵，王然，彭昕杰. 长江经济带矿产资源开发生态环境影响研究［M］. 中国环境出版集团，2021.

第三节　矿业城市发展的战略定位

一、国家矿产资源安全的重要基地

建立安全、稳定、经济的资源保障体系是解决国家资源安全可持续发展核心问题的有效手段。矿业城市要加强地方矿业基地建设和矿产地储备，加大能源矿产、大宗矿产和战略性新兴产业矿产的勘探开发投入，利用找矿突破实现资源储量增长，坚持资源保护与合理开发利用相结合，建立完善的矿产资源储备体系，确保国家资源安全。重点建设长江经济带中的国家能源资源基地（27 个），划定 39 个国家规划矿区，重点保障铁矿、铜矿、铝土矿、钾盐等战略性矿产的安全供给能力。在长江经济带划定 32 个重点矿区，保障重要矿产的开发与储备，确保对国家安全和国民经济具有重要价值的矿产供给。

二、"去矿业化"转型发展的示范基地

矿业城市正处于工业化、城镇化的"去矿业化"阶段。世界各国矿业城市经济转型发展的模式大体可以分为两类，一类是"弃矿型"，即实行彻底放弃矿业产业而走另一条新路，如澳大利亚墨尔本附近的墨尔本市、波兰的克拉科夫等；另一类是"拓展型"，即在继续挖掘资源潜力的同时，发展其他一些非矿业产业，如美国休斯敦等。我国矿业城市经济转型发展主要采取"拓展型"模式，即在通过加强危机矿山找矿，继续挖掘矿业潜力，建立矿业基地的同时，大力发展其他接续产业，实现可持续发展。

三、节约高效、环境友好、矿地和谐的绿色矿业发展示范区

矿业城市要加快转变资源开发利用方式，进一步优化矿产资源开发利用布局，打造绿色能源产业带，建设绿色制造体系。坚持生态保护优先原则，协调资源开发与环境保护。提高大中型矿山企业占比，促进矿山规模

化和集约化。建立绿色矿业发展新格局，有效控制资源开发对环境的影响，确保区内生态环境水平不退化、不下降。同时，要对矿区地质环境进行有效保护和及时治理，对历史遗留的矿山地质环境问题完成治理恢复。通过政府和社会资本合作（PPP 模式）调动市场主体积极性，加大财政支持力度，做好区域利益协调。坚守资源利用上线、环境质量底线和生态保护红线，推进矿业绿色发展。

第四节　本章小结

　　本章分析和解读了中央出台的政策文件，包括水生态环境保护的政策依据以及矿业城市发展的政策依据，在此基础上，分析了长江经济带水生态环境保护的战略定位和矿业城市发展的战略定位，以期为后文研究奠定基础。

第四章　长江经济带矿业城市水生态环境概况

本章在分析矿业城市分布特征、发展现状的基础上，从"三水共治"——水资源、水环境和水生态三个维度介绍水生态环境的基本情况，有助于从宏观上把握长江经济带矿业城市的水生态环境态势。

第一节　长江经济带矿业城市概况

矿业城市是资源型城市之一，以其丰富的矿产资源为基础发展相关的矿产开采、加工等产业，推动着当地经济发展。

一、长江经济带矿业城市分布特征

长江经济带沿岸矿业城市较多，具体矿业城市的分布情况见表4-1。

表4-1　　　　　　　　长江经济带矿业城市分布情况

省、直辖市	地级行政区	市区县	主要矿种
江苏	徐州市、宿迁市	贾汪区	铁、锰、钛、钒、铜、铅、锌、镁、钼
浙江	湖州市	武义县、青田县	铁、铜、铅、锌、金、钼、铝、锑、钨、锰
安徽	宿州市、淮北市、亳州市、淮南市、滁州市、马鞍山市、铜陵市、池州市、宣城市	巢湖市、颍上县	铜、铁、金、铅、锌、硫

省、直辖市	地级行政区	市区县	主要矿种
江西	景德镇市、新余市、萍乡市、赣州市、宜春市	瑞昌市、贵溪市、德兴市、庐山市、大余县、万年县	铜、钨、镁、锡、铅、铀、稀土
湖北	鄂州市、黄石市	钟祥市、应城市、大冶市、松滋市、宜都市、潜江市、保康县	铜、金、银、磷、岩盐、石膏、石灰岩
湖南	衡阳市、郴州市、邵阳市、娄底市	浏阳市、临湘市、常宁市、耒阳市、资兴市、冷水江市、涟源市、宁乡市、桃江县、花垣县	钨、锡、锑、铅、锌、铜、钒、铋
重庆		铜梁区、荣昌区、垫江县、城口县、奉节县、云阳县、秀山土家族苗族自治县	锶、煤、铝土、锰
四川	广元市、南充市、广安市、自贡市、泸州市、攀枝花市、达州市、雅安市、阿坝藏族羌族自治州、凉山彝族自治州	绵竹市、华蓥市、兴文县	铁、钛、钒、硝、锌、硫、金、磷
云南	曲靖市、保山市、昭通市、普洱市、临沧市、楚雄彝族自治州	安宁市、个旧市、开远市、晋宁区、易门县、兰坪白族普米族自治县、马关县、东川区	铜、钼、银、金、铅、锌、钼
贵州	六盘水市、安顺市、毕节市、黔南布依族苗族自治州、黔西南布依族苗族自治州	清镇市、开阳县、修文县、遵义市、松桃苗族自治县、万山区	铁、铅、锌、铜、锑、镍、铀、钴

资料来源:《全国资源型城市可持续发展规划(2013—2020年)》。

　　长江经济带沿岸分布着众多矿业城市,并且这些矿业城市的分布相对集中,主要集中在沿江地区和周边地区。从区域层面看,长江经济带西部地区矿业城市较多,且多为成长和成熟型城市。其次是中部,主要为衰退型城市。从矿产储备层面来看,长江经济带沿岸矿产资源丰富、呈现多样性,包括铁矿石、煤炭、磷矿石、铜、锌等。

不同省市的矿产资源种类和丰度有所差异，形成了各自的特色和优势。云贵川渝上游四省市煤、铁、锰、铝土矿、稀土、磷矿等矿产资源丰富，共建设 13 个能源资源基地，作为战略核心区保障。以煤炭、有色金属和战略矿产为重点，划定 30 个国家规划矿区为重点监管区域，同时划定 3 个对国民经济有重要价值的黑色金属矿区和 3 个有色金属矿区为储量和重点保护区。

中游江西、湖南有色金属、稀土等矿产资源丰富，湖北磷矿资源丰富，共建设能源资源基地 13 个，其中黑色金属矿产 3 个，有色金属矿产 5 个，非金属矿产 1 个，战略性新兴产业矿产 4 个。以有色金属、稀土等矿产资源为重点，将 21 个国家规划矿区列为重点监管区域，建设资源高效开发利用示范区，实行统一规划，优化资源开发布局，划定 10 个对国民经济有重要价值的有色金属矿区和 5 个稀土矿区为资源储备和保护区，并建立动态调整机制。

下游矿产资源主要分布在安徽，建设有 1 处有色金属矿产，划定 4 个国家规划矿区，命名 1 个对国民经济有重要价值的铜多金属矿区。当前，该地区需要加强矿山生态环境的保护和修复，对煤炭开采总量实施严格调控。

二、长江经济带矿业城市的发展现状

（一）产业现状

由图 4－1 可以发现，长江经济带矿业城市产业结构高级化指数总体上呈现出逐年增长的趋势。其中，湖州市的产业结构高级化指数最高，徐州市产业结构高级化指数次之；马鞍山市、铜陵市、新余市产业结构高级化指数持平；宿州市、亳州市、滁州市、宜春市产业结构高级化指数，在近三年内刚刚突破 6.0 的水平，排在矿业城市中的末尾。

图 4－2 反映了矿业城市逐年增加的人均 GDP。湖州市和马鞍山市等上游城市发展势头强劲，人均 GDP 水平高。新余市在中游城市的人均 GDP

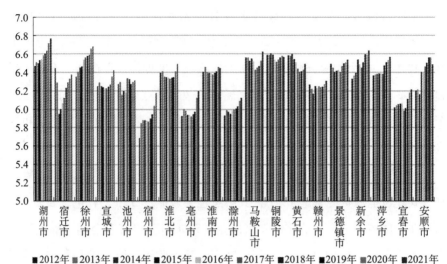

图 4-1　2012~2021 年部分矿业城市的产业结构高级化指数

资料来源：由《中国城市统计年鉴》的原始数据计算而得。

水平中名列前茅。结合图 4-1、图 4-2 可得出，各矿业城市人均 GDP 的增加主要得益于产业结构的逐步优化、科技水平的提高和矿业城市得天独厚的矿产资源。

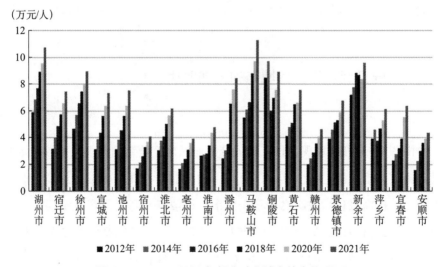

图 4-2　2012~2021 年部分矿业城市的人均 GDP

资料来源：《中国城市统计年鉴》。

（二）人口现状

长江经济带的城市依水而建，依水而兴。改革开放以来，矿业城市更是高速发展，城市规模快速扩大、人口激增。

由图4-3可见长江经济带内部分矿业城市2017~2021年的常住人口现状，位列第一的徐州市位于江苏省西北部地区，苏鲁豫皖四省交界处，是江苏省唯一的产煤基地，人口数量突破千万级。宜春市位于江西省中部偏东地区，是赣湘鄂区域中心城市，人口数量位居第二。宿州市，襟连沿海，背倚中原，素有安徽省北大门之称，亳州市与宿州市邻近，人口数量不分伯仲。赣州市常住人口最少，刚刚突破百万。图4-4为长江经济带内部分矿业城市2017~2021年的人均GDP，马鞍山市是全国七大铁矿产区之一，人均GDP位列第一。湖州市依傍太湖，尽管燃料与金属矿产短缺，但人均GDP仍与马鞍山市平分秋色，新余市、徐州市、滁州市次之。结合图4-3与图4-4可以发现，城市人口与人均GDP变化趋势并不一致，矿产资源丰富、人口数量多的城市人均GDP不一定高。

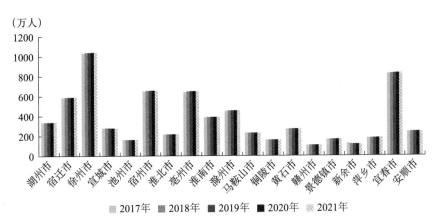

图4-3　2017~2021年部分矿业城市常住人口数量

资料来源：《中国城市统计年鉴》。

（三）研发投入现状

长江经济带沿岸不同省市的矿产资源种类与丰度不同，研发投入不同，矿业发展也拥有各自不同的优势和特色。

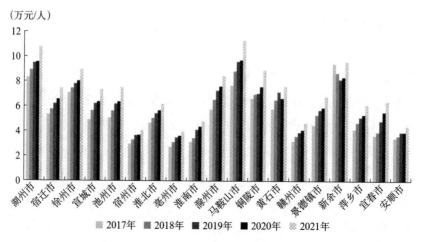

图 4 – 4   2017 ～ 2021 年部分矿业城市人均 GDP

资料来源：由《中国城市统计年鉴》的原始数据计算而得。

图 4 – 5 显示了长江经济带部分矿业城市 2017 ～ 2021 年度的研发投入情况，横向对比不同省份间的研发投入，发现差异较大。江苏省的矿业城市研发投入远远超出其他省份。纵向对比同一个省内不同矿业城市的研发投入，发现江苏省内的徐州市与宿迁市在矿业研发投入金额方面相差悬殊。安徽省、江西省、浙江省等也呈现出省内矿业城市研发投入存在差距的情况。除了湖州市、池州市、淮南市、马鞍山市以外，其他矿业城市的研发投入都呈现出逐年递增的趋势。

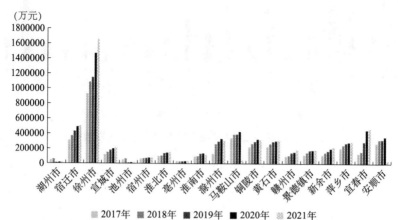

图 4 – 5   2017 ～ 2021 年部分矿业城市 R&D 投入

资料来源：由《中国城市统计年鉴》的原始数据计算而得。

第二节　长江经济带矿业城市水资源现状及问题

水资源的可持续利用是保障经济社会、生态环境协调发展的重要前提。长江是中国最长的河流，也是世界第三长的河流，总长度约6300千米，流域面积为100多万平方千米，年平均径流量约为9500亿立方米，水量丰富。水资源作为水生态环境的基础，是"三水共治"的重中之重，本节将从水资源的供给和需求两个方面展开分析。

一、水资源供给

水资源供给来源包括天然水资源供水和工程供水：天然水资源主要是可供人类直接利用并能不断更新的天然淡水，主要是指陆地上地表水和地下水。工程供水是指天然水资源经工程措施（蓄、引、提、调等工程措施）改变其时间及空间分配特性后的供水量。

地表水资源量是指地球表面指定区域储存水资源的总和，包括各种液态的和固态的水体，主要有河流水资源、水库湖泊水资源。图4-6显示了长江经济带部分矿业城市2017~2021年度的地表水资源量情况。由于不同城市的降水量、人口数量的差异，导致城市间地表水资源的差异很大。其中赣州市地广人多，江河湖泊众多，地表径流年内分配规律与降水年内分配规律相一致，地表水资源丰富。而马鞍山市、宿州市、淮南市、亳州市、淮北市、铜陵市等城市，因自然环境、矿产开发等因素，地表水资源量较少甚至有耗竭现象。

地下水资源量是指某时段内地下含水层接收降水、地表水体、侧向径流及人工回灌等各项渗透补给量的总和。如图4-7所示选取了长江经济带部分矿业城市2017~2021年度的地下水资源数据，由于各年的降水量大小及强度、地表水体特征、地下水埋深等因素各不相同，因此各年度的地下水资源量也不相同，有时甚至差异很大。加之每个城市的地理位置不同、自然环境不同，所以不同地区在同一时间段的降水量大小及强度、地表水体特征也

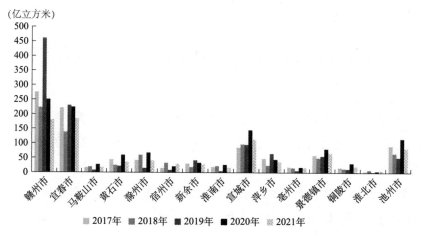

图 4 - 6 2017 ~ 2021 年矿业城市地表水资源量

资料来源：相关省市水资源公报。

互不相同。不同城市地区的包气带岩性、厚度及渗透性能和地下水埋深等水文地质条件差异很大，因此各城市的地下水资源量也不同。将图 4 - 6 与图 4 - 7 结合来看，各个城市的地下水资源量和地表水资源量总体能相互匹配，即赣州市和宜春市表现出较丰富的地表水和地下水资源量。

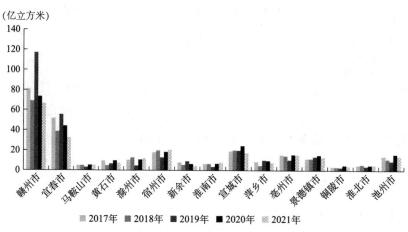

图 4 - 7 2017 ~ 2021 年矿业城市的地下水资源量

资料来源：相关省市水资源公报。

二、水资源需求

长江经济带矿业城市的水资源供应主要来源于河流、湖泊、地下水和水库等，而这些水资源不仅要满足城市居民日常用水需求，还要支持农业、工业、发电和航运等重要经济活动。

如图4-8所示，长江经济带部分矿业城市因人口结构、产业结构存在巨大差异，所呈现的水资源需求量也有较大差异：2017~2021年平均水资源需求量由高到低排序前五名分别为宜春市、赣州市、马鞍山市、滁州市、淮南市。图4-9显示，2017~2021年平均水资源总量由高到低排序前五名分别为赣州市、宜春市、宣城市、池州市和景德镇市。由此可见，许多矿业城市的水资源呈现供需不匹配的问题，在马鞍山市、滁州市和淮南市表现得尤为突出。

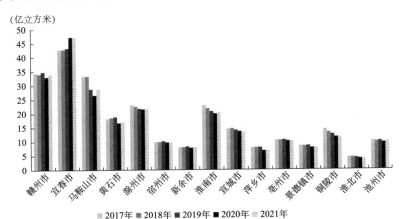

图4-8　2017~2021年矿业城市的水资源需求量

资料来源：相关省市水资源公报。

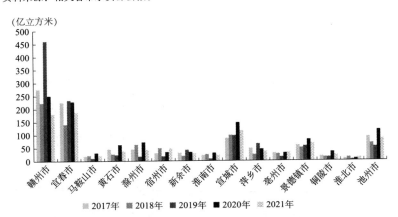

图4-9　2017~2021年矿业城市的水资源总量

资料来源：相关省市水资源公报。

第三节　长江经济带矿业城市水环境现状及问题

水环境健康是水资源可持续利用和水生态安全的前提与基础。矿业城市在矿山开发过程中产生的废水不合理排放是长江经济带矿产资源开发造成水污染的重要原因之一，尤其是有色金属矿山的选矿、排放的废水向地下水渗透等。

一、重金属排放

矿业城市的矿产开采对地下水水质会造成不同程度的影响，矿石堆场以颗粒物和粉尘等形式通过降雨进入地表水体，使水体浑浊，清洁度降低；同时部分有害杂质遇水溶解，污染地表水及浅层地下水，使水质降低。特别是硫化物矿床的开采过程，在其水溶过程中，含盐水溶液沿地层疏松部位如裂隙、节理、孔隙发育地段向周边扩散，使局部地下水的硝酸根离子、亚硝酸根离子、硫酸根离子、水硬度及矿化度指标逐步增高，水质受到一定程度的影响。在萤石矿床的开采过程中，通过选矿堆场淋溶作用下渗或地下开采裂隙水的淋溶作用，导致水体含有大量的氟离子，这将对地下水水质产生较大的影响。

采矿业造成的重金属污染也十分突出，矿山开采产生的废石、选矿产生的尾矿及冶炼废渣（含有 Cu、Pb、Zn、Ni、Co、Ag、Cd、As 等有害元素）经风化淋滤，会使有害元素转移到土壤中，并通过河流和溪流运输。重金属元素可以溶解在这些河流和溪流中，或者渗入地下水造成污染，给当地的动物和人类带来严重的健康问题。图 4–10 ~ 图 4–13 为 2012 ~ 2018 年 10 个矿业城市汞、镉、铅、砷排放量的变化。从中能够看出，由于矿业城市地理位置的不同、矿种的不同，对重金属排放的影响差异很大。赣州市、宜春市、黄石市、铜陵市、池州市、安顺市的矿产资源主要以

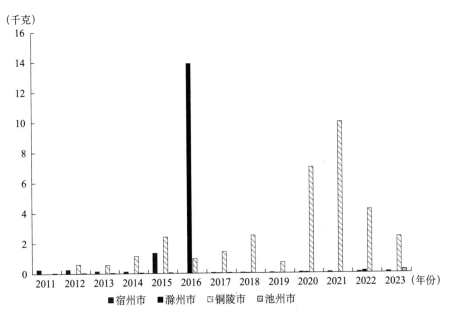

图 4-10 2011~2023 年部分矿业城市汞排放量

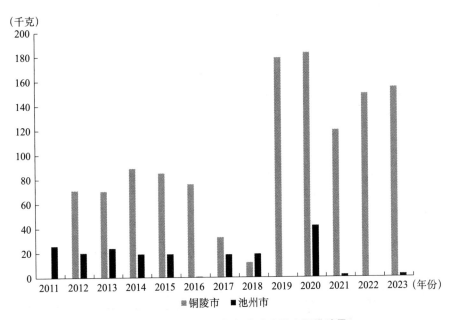

图 4-11 2011~2023 年部分矿业城市镉排放量

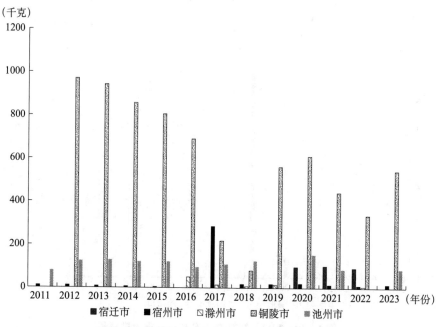

图 4-12 2011~2023 年部分矿业城市铅排放量

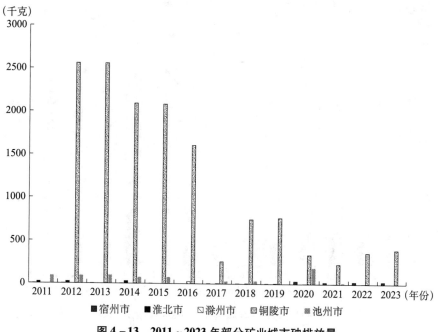

图 4-13 2011~2023 年部分矿业城市砷排放量

金属矿产为主，尤其是以铜矿、铁矿资源著称的铜陵市的重金属排放量相较于其他城市来说处于高位。而滁州等以非金属矿产为主的资源城市，重金属排放量则较少。这与邱斌等（2023）提出的长江上游干流城市中存在重金属和尾矿库问题的城市占64%，以及铜陵市重金属污染问题较严重等问题是一致的（邱斌等，2023）。

二、氨氮排放

氨氮排放量对于水体污染具有重要影响，对于矿业城市而言，像炼油、冶金等行业属于高氨氮废水排放行业。水体中的主要耗氧污染物与氨氮等元素结合，能导致水体产生富营养化现象，对鱼类及水生生物具有毒害作用。氨氮排放来源于居民日常生活和工业生产活动，如图 4-14 所示为长江经济带 2012～2018 年矿业城市氨氮排放量情况。大多数矿业城市的氨氮排放量呈现下降或稳定趋势，如湖州市、宿迁市、宜春市、马鞍山市、黄石市、滁州市、新余市、淮南市、萍乡市、淮北市、池州市。自 2012 年之后，江苏省的徐州市、宿州市氨氮排放量显著骤降，表明其积极响应国家保护环境的号召，共同维护人类的绿色家园所作出的努力成效显著。当然也有极少数城市排放量会有微上升趋势，如赣州市、安顺市、景德镇市，这些城市正处于产业转型升级的关键时刻，受到人口情况变化等因素的影响较大。

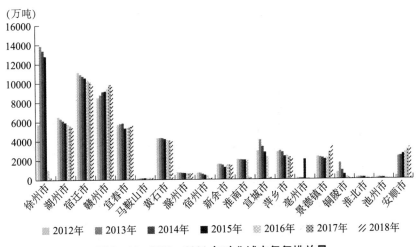

图 4-14 2012～2021 年矿业城市氨氮排放量

三、工业废水排放

在工艺生产过程中排放出来的废液和废水就是工业废水，其中包含了矿业开采、生产加工等过程中产生的污染物、副产品和中间产物。同时，工业废水也是导致环境污染，尤其是水污染的重要原因之一。在工业废水中，通常含有十分复杂的成分，包括重金属、有毒有害化学物质、油脂、氧化物、过氧化物等，且处理不当的工业废水有毒有害污染物浓度很高。一旦这些工业废水排放到城市生活污水厂中，便会对生活污水处理工艺系统造成很大的冲击，严重的情况下甚至可能直接导致工艺失效或设备损坏，从而对城市生活污水厂的正常生产运行造成很大危害。另外，未经严格处理的城市工业污水如果排放到环境中，也会对自然环境、土壤、水体、动植物等带来巨大危害，从而危害到人体健康乃至于生命安全。

如图 4 - 15 所示为长江经济带 2012 ~ 2018 年矿业城市工业废水排放量情况，其中，徐州市由 2012 年废水排放量 16000 万吨减少至 3000 万吨，池州市、安顺市由 2012 年的 2000 多万吨下降至几乎零排放的状态，此外赣州市、宜春市、黄石市、滁州市、宿州市、新余市、淮南市、宣城市、景德镇市的废水排放量也有显著的下降。

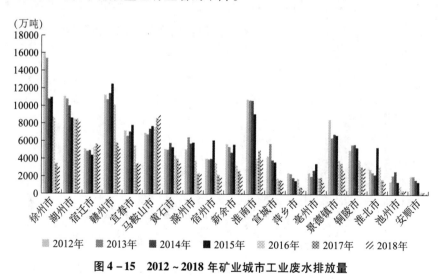

图 4 - 15 2012 ~ 2018 年矿业城市工业废水排放量

四、COD 排放

COD（化学需氧量）高意味着水中含有大量还原性物质，这些还原性物质包括有机物、亚硝酸盐、亚铁盐、硫化物等，它们能被特定的强氧化剂氧化，通过测定消耗的强氧化剂的量来计算 COD 值，从而反映水中还原性物质的含量。化学需氧量越高，就表示江水的有机物污染越严重，如果不进行处理，许多有机污染物将在江底被底泥吸附而沉积下来，在此后若干年内对水生生物造成持久的毒害作用。在水生生物大量死亡后，河中的生态系统即被摧毁。人若以水中的生物为食，则会大量吸收这些生物体内的毒素，积累在体内，这些毒素常有致癌、致畸形、致突变的作用，对人极其危险。另外，若以受污染的江水进行灌溉，则植物、农作物也会受到影响，容易生长不良，而且这些作物也不能供人食用。

如图 4 – 16 所示为长江经济带 2012～2018 年矿业城市 COD 排放情况，可以看出大部分地区的 COD 排放情况稳中有降，马鞍山市、淮南市、宣城市、亳州市、铜陵市、淮北市、池州市的排放量一直较低。此外，许多城市积极采取减排措施，如徐州市、湖州市、宿迁市等城市的 COD 排放情况取得了较大的改善。

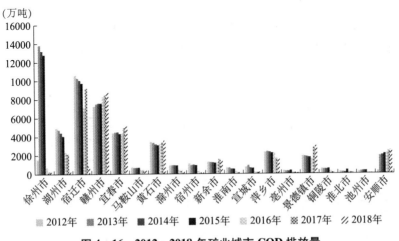

图 4 – 16　2012～2018 年矿业城市 COD 排放量

第四节　长江经济带矿业城市水生态现状及问题

在矿山的开采活动中，需要占用一定面积的土地用于修建矿山公路、料场以及生活设施，以维持开采活动的稳步进行。长江经济带矿产资源开发过程中占用或破坏湿地，导致了矿区的水土流失。

一、水生态空间

矿产资源作为一种自然资源，由矿物质经过地质作用聚集形成，而一些具有找矿潜力的大型成矿带与自然资源保护区的划定范围存在空间上的重叠。受资源禀赋、成矿条件、管理水平等因素影响，长江经济带及长江源头地区在矿产资源开发过程中，部分矿业权（探矿权和采矿权）设置不合理，部分矿区与自然保护区存在明显的重叠现象，矿业开发活动挤占生态空间，自然保护区内的矿产资源项目进行开发时，缺乏对自然保护区的合理保护，过度开发导致保护区受到威胁甚至破坏。

总体来看，长江经济带 12 省（直辖市）（含长江源头地区青海省）共有各类自然保护区 1087 个，占地面积 20.69 万平方千米。其中，长江中上游地区自然保护区数量达 917 个（占比 84.4%）；森林公园共有 773 个，长江中上游地区有 555 个（占比 71.8%）；风景名胜区 594 个，长江中上游地区 419 个（占比 70.54%）；地质公园 200 个，中上游地区 173 个（占比 86.5%）（见表 4-2）。

表 4-2　　长江经济带各省（直辖市）主要重点生态功能区分布　单位：个

地区	自然保护区	森林公园	风景名胜区	地质公园
上海市	4	0	0	0
江苏省	30	43	75	4
浙江省	32	109	59	7
安徽省	104	66	41	16
江西省	200	17	40	11

地区	自然保护区	森林公园	风景名胜区	地质公园
湖北省	65	94	35	29
湖南省	129	62	71	15
重庆市	57	88	36	9
四川省	167	96	93	58
贵州省	129	47	67	12
云南省	159	73	46	17
青海省	11	78	31	22
总计	1087	773	594	200

从探矿权的设置来看，国家设置的国家级矿产资源整装勘查区与自然保护区在空间分布上存在一定的重叠，矿产资源勘查活动对自然保护区生态环境影响的潜在胁迫依旧较大。据统计，长江经济带12省（直辖市）（含长江源头地区青海省）自然保护区面积28.62万平方千米（见表4-3），共有探矿权1306个，涉及的探矿权面积14.30万平方千米，探矿权面积占自然保护区面积比重为11.84%。其中，与自然保护区存在明显重叠情况的探矿权有439个，涉及矿种57种，重叠面积达3.01万平方千米，占矿区面积比重21.08%（见表4-4）。可见，矿产资源勘查活动与生态环境保护的矛盾依旧突出，亟须优化矿产资源勘查布局，提高勘查技术，最大限度地降低对生态环境影响。

表4-3　长江经济带各省（直辖市）矿业权重叠面积占自然保护区面积比重

地区	自然保护区总面积（平方千米）	采矿权重叠面积（平方千米）	采矿权占比（%）	探矿权重叠面积（平方千米）	探矿权占比（%）
上海市	963	0	0.00	0	0.00
江苏省	25633	185.06	0.72	1286.61	5.74
浙江省	14433	253.60	1.76	1508.43	12.21
安徽省	17900	515.05	2.88	1239.10	9.80
江西省	12598	678.78	5.39	1507.42	20.53
湖北省	12303	487.62	3.96	2983.27	16.83
湖南省	12852	681.76	5.30	3941.51	20.41

地区	自然保护区总面积 （平方千米）	采矿权重叠面积 （平方千米）	采矿权占比 （%）	探矿权重叠面积 （平方千米）	探矿权占比 （%）
重庆市	17498	402.05	2.30	2007.46	13.77
四川省	82900	863.93	1.04	3985.25	5.85
云南省	22460	962.64	4.29	2874.14	17.08
贵州省	28600	953.85	3.34	3175.37	14.44
青海省	38100	765.23	2.01	5639.64	16.81
总计	286240	6749.57	2.36	30148.20	11.84

表4-4　　　　长江经济带各省（直辖市）矿业权重叠面积占矿区面积比重

地区	探矿权范围 （平方千米）	探矿权重叠面积 （平方千米）	占比 （%）	采矿权范围 （平方千米）	采矿权重叠面积 （平方千米）	占比 （%）
上海市	75	0	0	12	0	0
江苏省	3844	1286.61	33.47	679	185.06	27.25
浙江省	4963	1508.43	30.39	897	253.6	28.27
安徽省	14725	1239.10	8.41	2601	515.05	19.80
江西省	11590	1507.42	13.01	3036	678.78	22.36
湖北省	6721	2983.27	44.39	1511	487.62	32.27
湖南省	10544	3941.51	37.38	2081	681.76	32.76
重庆市	6040	2007.46	33.24	1573	402.05	25.56
四川省	22901	3985.25	17.40	3310	863.93	26.10
云南省	8790	2874.14	32.70	2866	962.64	33.59
贵州省	6853	3175.37	46.34	2535	953.85	37.63
青海省	45939	5639.64	12.28	9127	765.23	8.38
总计	142985	30148.20	21.08	30228	6749.57	22.33

从采矿权的设置来看，国家包括各级国土部门设置的采矿权仍然有部分位于自然保护区内，保护区内的大规模、高强度的矿产资源开发活动对流域生态环境保护造成极大压力。据统计，长江经济带12省（直辖市）（含长江源头地区青海省）采矿权面积3.02万平方千米，其中，共涉及与自然保护区重叠的面积为0.67万平方千米，与矿区面积重叠

的面积占比 22.33% （见表 4 - 3、表 4 - 4）。采矿活动在自然保护区内的布局严重影响了区域生态安全保障能力，亟须加快建立自然保护区矿业权，尤其是采矿权的退出机制，以避免和减弱对自然生态的高强度影响。

共有 7 个国家重点生态功能区和 145 个国家级自然保护区分布在长江经济带，其中水土保持重点生态功能区 3 个（大别山水土保持生态功能区、桂黔滇喀斯特石漠化防治生态功能区、三峡库区水土保持生态功能区），功能区内共有 634 个矿产开发点；生物多样性维护重点生态功能区 4 个（秦巴生物多样性生态功能区、武陵山区生物多样性与水土保持生态功能区、川滇森林及生物多样性生态功能区、南岭山地森林及生物多样性生态功能区），功能区内共有 1749 个矿产开发点。这些矿产开发点主要集中在中上游的川、滇、渝、鄂、湘和赣等地。

二、水土流失

在矿山开采过程活动中修建的各种基础设施，是引发水土流失的重要因素。矿区地下水的抽排导致土地贫瘠，形成大面积人工裸地。水土流失的重点区域主要集中在尾矿库、排土场和道路边坡。

长江经济带地区水土流失的治理面积 2006～2015 年的年均增长率为 4.66%，2006～2012 年缓慢增长，2013～2015 年较快增长，在 2013 年出现激增，达到 14%。2015 年，长江经济带地区水土流失的治理面积已达 47729.82 万公顷。其中川、滇、贵、赣、鄂等地的水土流失的治理面积最高，分别为 8510.33 平方千米、8074.45 平方千米、6297.78 平方千米、5634.30 平方千米、5577.90 平方千米，分别占长江经济带地区水土流失治理面积的 17.83%、16.92%、13.19%、11.80%、11.69%。以上五省共占长江经济带地区水土流失治理总面积的 70% 以上，水土流失面积占比和主要分布地区见表 4 - 5、表 4 - 6。上游地区五省（直辖市）水土流失面积达到了 224824.31 平方千米，占总体水土流失面积的 53%。

表 4-5　　　**2016 年长江经济带各省（直辖市）水土流失面积占比**

地区	水土流失面积（平方千米）	土地面积（平方千米）	占比（%）
上海市	49.66	6306	0.79
江苏省	4421.29	100952	4.38
浙江省	45005.20	102045	44.10
安徽省	23295.92	140397	16.59
江西省	40272.42	167302	24.07
湖北省	47843.62	186163	25.70
湖南省	33789	212418	15.91
重庆市	14840.15	82539	17.98
四川省	51115.75	484310	10.55
贵州省	49023.80	383978	12.77
云南省	87151.49	176252	49.45
青海省	22693.12	715587	3.17
总计	419501.42	2758249	15.21

表 4-6　　　**长江经济带水土流失重点预防区和治理区分布**

类别	流域区域	县级管控单元
水土流失重点预防区	湟水洮河中下游地区	民和县
	嘉陵江上中游地区	宣汉县、大竹县、邻水县、旺苍县、苍溪县、盐亭县
	丹江口水源区	丹江口市、竹山县
	三峡库区	重庆市万州区、忠县、武隆区、巴东县、秭归县
水土流失重点治理区	金沙江下游地区	会东县、会理市、雷波县、宁南县、西昌市、昭觉县、美姑县、楚雄市、姚安县、武定县、元谋县
	乌江赤水河上中游地区	桐梓县、毕节市七星关区、普定县、大方县、金沙县、彭水县
	湘资沅中游地区	桑植县、慈利县、辰溪县、邵东市、衡阳县
	赣江上游地区	会昌县、瑞金市、于都县、赣州市南康区、泰和县
	珠江南北盘江地区	兴义市、盘州市、兴仁市、晴隆县、安龙县、关岭县、册亨县、罗平县、富源县、师宗县
	红河上中游地区	元江县、南涧县、峨山县、易门县

第五节　本章小结

　　本章从长江经济带矿业城市的分布特征及发展状况两个层面介绍了矿业城市的概况，并从"三水共治"——水资源、水环境和水生态三个维度阐述了长江经济带矿业城市的水生态环境概况。本章研究有助于从宏观上把握长江经济带矿业城市水生态环境的基本情况。长江经济带矿业城市水资源量较丰富，但地区分布差异大，供需矛盾突出；水环境状况不容乐观，黄石市、铜陵市重金属污染形势严峻，部分城市氨氮排放量仍在上升；水生态系统建设压力大。

第五章 长江经济带矿业城市
水生态环境质量评价

长江经济带各矿业城市发展阶段、主要矿产资源开发利用方式、水生态环境禀赋等，具有很大的差异，决定了矿业城市水生态环境质量必然呈现出不同的特征。本章将分别从矿业城市发展阶段（成熟型、衰退型和再生型）和所属区域（上中下游）出发，归纳总结分析长江经济带矿业城市水生态环境质量各维度指数（水环境质量指数、水生态安全指数）和综合指数的静态特征和时空演化规律。

第一节 长江经济带矿业城市
水生态环境质量评价方法

本部分主要包括矿业城市水生态环境质量评价指标体系的构建和具体方法的选取。在指标体系构建方面，既要突出水生态环境质量方面的评价，也要突出矿业城市的特色。在建立科学的评价指标体系后，采用可行的评价方法尤为重要。云模型是一种可较好地实现定性与定量的转化、反映综合评价的随机性与模糊性的决策方法；耦合协调度模型可用于评价水生态和水环境的耦合和协调状态，识别水生态环境提升的短板因素，以优化长江经济带矿业城市水生态环境；标准差椭圆模型被广泛用于生态环境评估和环境管理，它能够从多个角度反映水生态环境质量的空间分布特征。因此，本书尝试采用云模型、耦合协调度模型以及标准差椭圆模型，对长江经济带矿业城市水生态环境质量进行评价。

一、指标体系的构建

由于评价体系需要包含水环境质量与水生态安全两方面的因素，因此需要考虑较多的指标对其进行评价。但若为了评价的全面性而选择过多的指标，会造成指标体系实用性不强、无法突出评价重点，也会造成数据收集工作量较大的弊端。因此，要在合理选择和精确评价的基础上，选择适量的指标来建立长江经济带矿业城市水生态环境质量评价指标体系。本书先确定合适的研究区域，并基于长江经济带矿业城市水生态环境质量特点来构建指标体系。

长江经济带各类矿山废水的排放对流域水生态环境造成了极大的影响。在作者所在团队对长江经济带 11 省市调研的基础上，总结了各省市矿产资源开发对水环境影响因子，见表 5 - 1。可见，长江经济带矿业城市地表水和地下水水体污染比较严重，其中地下水污染形势更为严峻；水源地、水库也有不同程度的污染，水生生物和人居安全面临较大挑战。长江经济带矿业城市的矿山群存在污水直排长江现象，如云南省矿业城市昆明市东川区从选矿厂将排污管道接到金沙江，四川省矿业城市凉山彝族自治州会东县将选矿废水通过电厂尾水排入金沙江，造成长江水体污染，对水环境质量安全造成威胁。

表 5 - 1　　　　长江经济带各省（市）水污染影响因子识别

类别	地表水污染	地下水污染	水源地、水库污染
贵州省	▲ ☆ ◇	▲ ★ ◆	▲ ★ ◆
云南省	▲ ★ ◇	▲ ★ ◇	—
四川省	△ ☆ ◇	▲ ★ ◇	—
重庆市	△ ☆ ◇	▲ ★ ◆	▲ ☆ ◇
湖南省	▲ ☆ ◇	▲ ★ ◆	▲ ★ ◇
湖北省	▲ ☆ ◇	▲ ★ ◆	▲ ★ ◇
江西省	—	—	—
安徽省	▲ ☆ ◇	▲ ★ ◆	▲ ★ ◇
浙江省	△ ☆ ◇	△ ☆ ◆	△ ☆ ◇

类别	地表水污染	地下水污染	水源地、水库污染
江苏省	▲☆◇	▲★◆	▲★◇
上海市	▲☆◇	△☆◆	△☆◇

（影响程度：▲显著，△轻微；影响时效：★长期，☆短期；影响类别：◆不可逆，◇可逆）

矿业城市水体污染对水生动植物的数量和质量有较强的负面影响，威胁着水生生物和人居安全。同时，由重金属污染而导致的"镉大米""重金属蔬菜"等农产品质量安全问题和群体性事件逐年增多，如湖南、江西、广东、广西四地的镉大米、广西 161 批食品不合格等。2016 年，长江经济带有色金属采选的重金属排放量总计 323.87 千克。其中，镉 22.27 千克，占重金属排放量的 6.97%；铅 47.32 千克，占重金属排放量的 14.61%；砷 253.36 千克，占重金属排放量的 78.22%；汞约 900 毫克，占比不足 1%。2016 年长江经济带各省（直辖市）重金属污染情况详见图 5 - 1。

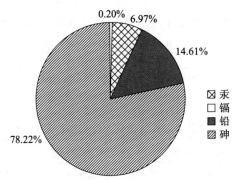

图 5 - 1 2016 年长江经济带重金属污染比例

二、云模型

云模型通过云的数字特征（Ex，En，He）定量反映定性概念，Ex 为评价结果的期望值，En 为熵，反映评价结果的模糊程度，He 为超熵，反映熵的离散性。该方法利用逆向云发生器将精确数值变为云模型参数，利用正向云发生器将云参数转变为云滴，形成云图。通过以下步骤，利用 *Python* 软件绘制云图。

（1）构建标准云。

$$\begin{cases} Ex_0 = \dfrac{Q_{\min} + Q_{\max}}{2} \\[3mm] En_0 = \dfrac{Q_{\max} - Q_{\min}}{2} \\[3mm] He_0 = b \end{cases} \tag{5-1}$$

$$Ex_j^o = \dfrac{\sqrt{\sum\limits_{j=1}^{n}(U_{ij} - U_j^o)^2}}{\sqrt{\sum\limits_{j=1}^{n}(U_{ij} - U_j^o)^2} + \sqrt{\sum\limits_{j=1}^{n}(U_{ij} - U_j^*)^2}} \tag{5-2}$$

其中，$Q_{\max}$、$Q_{\min}$ 分别代表评价区间的上下限；b 为常数，代表超熵标准值。本书参考已有文献，取 b = 0.001。

（2）计算标准云参数。

$$\begin{cases} \overline{X}_j = \dfrac{1}{k}\sum\limits_{i=1}^{k} x_{ij} \\[3mm] S_j^2 = \dfrac{1}{k-1}\sum\limits_{i=1}^{k}(x_{ij} - \overline{X})^2 \\[3mm] Ex_j = \overline{X}_j \\[3mm] En_j = \sqrt{\dfrac{\pi}{2}} \cdot \dfrac{1}{k}\sum\limits_{i=1}^{k}|x_{ij} - \overline{X}_j| \\[3mm] He_j = \sqrt{|S_j^2 - En_j^2|} \end{cases} \tag{5-3}$$

（3）计算综合云参数。

$$\begin{cases} Ex = \sum\limits_{j=1}^{n} Ex_j z_j \\[3mm] En = \sqrt{\sum\limits_{j=1}^{n} En_j^2 z_j} \\[3mm] He = \sum\limits_{j=1}^{n} He_j z_j \end{cases} \tag{5-4}$$

其中，z_j 代表指标组合权重，通过变异系数法求得。

基于水生态环境评价标准，本书将水生态环境分类为四类（见表5-2）。

表5-2 水生态环境分类标准

等级	区间划分	标准云参数	描述
1	[0, 0.25)	(0.125, 0.0736, 0.001)	较差
2	[0.25, 0.5)	(0.375, 00.0736, 0.001)	中等
3	[0.5, 0.75)	(0.625, 0.0736, 0.001)	良好
4	[0.75, 1)	(0.875, 0.0736, 0.001)	很好

三、标准差椭圆模型

标准差椭圆（SDE）模型使用带有长轴的旋转椭圆来表示离散数据的主方向，从而分析离散点数据的分布特征。该模型可以用标准的平面坐标系（X，Y）阐明一个区域的重心移动趋势，任何离散点都有坐标（X，Y）。椭圆的长半轴表示的是数据分布的方向，短半轴表示的是数据分布的范围，长短半轴的值差距越大，表示数据的方向性越明显。反之，如果长短半轴越接近，表示方向性越不明显。椭圆的短半轴表示数据分布的范围，短半轴越短，表示数据呈现的向心力越明显；反之，短半轴越长，表示数据的离散程度越大。计算公式如下。

椭圆圆心坐标：

$$SDE_x = \sqrt{\frac{\sum_{i=1}^{n}(x_i - \overline{X})^2}{n}} \qquad (5-5)$$

$$SDE_y = \sqrt{\frac{\sum_{i=1}^{n}(y_i - \overline{Y})^2}{n}} \qquad (5-6)$$

其中，x_i 和 y_i 是每个要素空间位置坐标，X 和 Y 是算术平均中心。

椭圆的方向：

$$\tan\theta = \frac{A+B}{C} \qquad (5-7)$$

$$A = \sum_{i=1}^{n}\tilde{x}_i^2 - \sum_{i=1}^{n}\tilde{y}_i^2 \qquad (5-8)$$

$$B = \sqrt{\left(\sum_{i=1}^{n} \tilde{x}_i^{\,2} - \sum_{i=1}^{n} \tilde{y}_i^{\,2} \right)^2 + 4 \left(\sum_{i=1}^{n} \tilde{x}_i \, \tilde{y}_i \right)^2} \qquad (5-9)$$

$$C = 2 \sum_{i=1}^{n} \tilde{x}_i \, \tilde{y}_i \qquad (5-10)$$

其中，θ 表示椭圆方位角，$\tilde{x}_i$ 和 $\tilde{y}_i$ 是平均中心和 x、y 坐标的差。
x 轴和 y 轴的长度：

$$\sigma_x = \sqrt{2} \sqrt{\frac{\sum_{i=1}^{n} (\tilde{x}_i \cos\theta - \tilde{y}_i \sin\theta)^2}{n}} \qquad (5-11)$$

$$\sigma_y = \sqrt{2} \sqrt{\frac{\sum_{i=1}^{n} (\tilde{x}_i \cos\theta + \tilde{y}_i \sin\theta)^2}{n}} \qquad (5-12)$$

σ_x 和 σ_y 分别表示沿 x 轴和 y 轴的标准差。

四、耦合协调度模型

在数据标准化和权重计算的基础上，运用 TOPSIS 和耦合协调度模型计算，具体步骤如下。

（1）数据标准化与权重计算。

采用极差法对数据进行标准化处理，采用变异系数法计算各指标权重。

（2）采用加权 TOPSIS 法计算综合评价值。

计算规范矩阵：

$$Z_{ij} = \frac{y_{ij}}{\sqrt{\sum_{i=1}^{n} y_{ij}^2}} \qquad (5-13)$$

计算加权规范矩阵：

$$U_{ij} = w_i \cdot z_{ij} \qquad (5-14)$$

计算各方案与理想解距离作为评价值：

$$C_i^* = \frac{\sqrt{\sum_{j=1}^{n} (U_{ij} - U_j^o)^2}}{\sqrt{\sum_{j=1}^{n} (U_{ij} - U_j^o)^2} + \sqrt{\sum_{j=1}^{n} (U_{ij} - U_j^*)^2}} \qquad (5-15)$$

其中，理想解为：$U_j^* = \max(U_1, U_2, \cdots, U_j)$；负理想解为：$U_j^0 =$

$$\min(U_1, U_2, \cdots, U_j)$$

（3）耦合协调度测算。

$$B_i = \left\{ \frac{EN_i^* \times EC_i^*}{[(EN_i^* + EC_i^*)/2]^2} \right\}^{\frac{1}{2}} \qquad (5-16)$$

其中，EN_i^*、EC_i^* 为利用加权 TOPSIS 法求出的水环境、水生态系统的评价值。

计算耦合协调度：

$$D^i = \sqrt{B_i \times (\alpha EN_i^* + \beta EC_i^*)} \qquad (5-17)$$

其中，α、β 表示分别表示水环境、水生态的重要程度，二者在水生态环境保护中具有同等重要性，因此，本书将 α、β 定为 0.5、0.5。水生态环境耦合和协调度分类如表 5-3 所示。

表 5-3 水生态环境耦合和协调度分类

协调度范围	协调度状态
(0, 0.4]	非协调状态
(0.4, 0.5]	低度协调
(0.5, 0.8]	中度协调
(0.8, 1]	高度协调

五、评价区域

在进行矿业城市水生态环境质量评价以及影响机制分析等定量化研究时，结合数据可获取性原则，本书选取了黄石市、铜陵市、徐州市、湖州市等19个典型矿业城市进行研究，在选择样本城市时主要考虑以下几个方面。

（1）按照分布格局，覆盖不同区域。

为了能够完整详细地分析上、中、下游不同的区域条件下产生的不同影响，遵循保证尽量覆盖所有区域的原则，选择长江经济带包含上、中、下游地区的至少一个矿业城市作为研究对象。

（2）依据赋存特点，锁定优势矿种。

所选取的矿业城市尽量覆盖长江经济带的主要矿产资源种类。因为不同矿种矿山的开发可能会导致的污染类型存在较大差异，所以在研究区域的选择方面也必须兼顾到矿业城市的代表性矿产品，必须尽量覆盖所有的主要矿种（Ji et al.，2020）。本书所选取矿业城市覆盖长江经济带铁矿、铜矿、铅矿、锌矿等主要矿产资源。

（3）参考发展阶段，关注非成长型矿业城市。

2013 年，国家发展改革委明确了 31 个成长型、141 个成熟型、67 个衰退型和 23 个再生型资源型城市。其中，长江经济带包含了 44 个地级矿业城市，其中成长型矿业城市 7 个，成熟型矿业城市 26 个，衰退型矿业城市 7 个，再生型矿业城市 4 个（见表 5－4）。成长型矿业城市的资源开发处于上升阶段，矿产资源开发对水生态环境的影响并未突出显现，因此本书主要聚焦于成熟型、衰退型和再生型矿业城市。

表 5－4   研究区域一览表

范围	城市	类型
中上游	安顺市	成熟型城市
	赣州市	成熟型城市
	宜春市	成熟型城市
	黄石市	衰退型城市
	新余市	衰退型城市
	萍乡市	衰退型城市
	景德镇市	衰退型城市
下游	湖州市	成熟型城市
	滁州市	成熟型城市
	宿州市	成熟型城市
	淮南市	成熟型城市
	宣城市	成熟型城市
	亳州市	成熟型城市
	池州市	成熟型城市
	铜陵市	衰退型城市
	淮北市	衰退型城市
	马鞍山市	再生型城市
	徐州市	再生型城市
	宿迁市	再生型城市

第二节 长江经济带矿业城市水生态环境质量的静态特征分析

基于云模型理论，计算确定云模型参数 Ex、En、He。下图展示了2019年长江经济带矿业城市水生态环境总体处于良好（第三等级）水平，水环境处于良好（第三等级）水平，水生态处于很好（第四等级）水平。水生态维度的 He 最大（0.161），显示其不确定性高于水环境维度（如图5-2、图5-3、图5-4所示）。可见，长江经济带矿业城市水生态总体水平优于水环境，但前者比后者的波动风险更大。因此，应提升大部分矿业城市水环境质量，关注部分重点矿业城市水生态安全。

就区域来看，长江经济带中上游和下游矿业城市的水生态环境均处于良好（第三等级）水平（见图5-5、图5-6）。长江经济带下游矿业城市水生态环境 Ex（0.71）大于上游矿业城市 Ex（0.614），表明前者水生态环境略优于后者。而长江经济带下游矿业城市水生态环境 He（0.128）大于上游 He（0.122），显示下游矿业城市水生态环境波动风险更大。

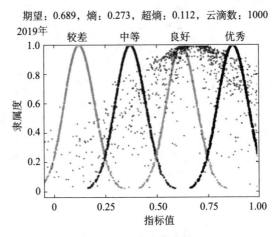

图 5-2 水生态环境

期望：0.610，熵：0.296，超熵：0.092，云滴数：1000

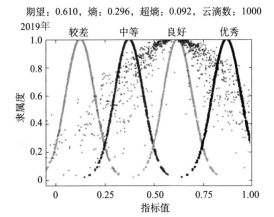

图 5 - 3　水环境

期望：0.879，熵：0.205，超熵：0.161，云滴数：1000

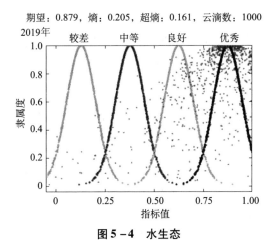

图 5 - 4　水生态

期望：0.614，熵：0.326，超熵：0.122，云滴数：1000

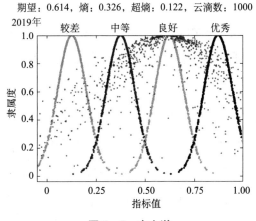

图 5 - 5　中上游

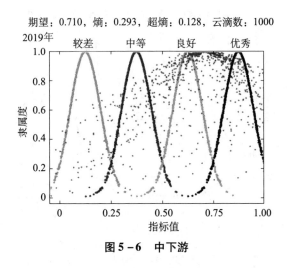

期望：0.710，熵：0.293，超熵：0.128，云滴数：1000

图 5-6　中下游

　　总体来看，长江经济带矿业城市水生态环境总体良好，但仍然有一定的改进空间，主要体现在以下两个方面：一方面，着力改善矿业城市排污管道建设，优化水环境质量。权重数据显示，排污管道长度指标在水生态环境质量中占比最高。如何在中国新基建背景下，优化矿业城市排污管道建设，是破解水生态环境质量提升的发力点之一。另一方面，聚焦水生态文明建设中"掉队"的矿业城市。矿业城市水生态环境总体良好，但仍有一些"掉队"的矿业城市。这也正显示了空间分布特征的必要性，以寻找出"掉队"矿业城市予以改善。

第三节　长江经济带矿业城市水生态
环境质量的时空演化规律分析

　　表 5-5 展示了不同区域矿业城市水生态环境标准差椭圆。从重心转移情况来看，2007～2019 年长江经济带中上游矿业城市水生态环境重心从萍乡市转移到了宜春市，水生态环境重心经向移动了 0.04°，纬向移动了 0.2°。长江经济带下游矿业城市水生态环境重心一直在滁州市，水生态环境重心经向移动了 0.19°，纬向移动了 0.02°。从覆盖范围来看，萍乡市和

新余市是中上游矿业城市水生态环境的主体区域，滁州市、宿州市和马鞍山市是下游矿业城市水生态环境的主体区域。从长短半轴的长度来看，2007～2019 年中上游城市长半轴长度由 4.98 千米缩短为 4.42 千米，短半轴长度由 1.54 千米增长为 1.57 千米，下游城市长半轴长度由 2.35 千米缩短为 2.12 千米，短半轴长度由 1.10 千米缩短为 1.02 千米，说明长江经济带中上游矿业城市水生态环境在主方向上缩小，在次方向上扩大，而下游矿业城市在主要和次要趋势方向都呈现缩小的态势。长江经济带下游矿业城市的长短轴比值均明显高于中上游，表明下游矿业城市水生态环境质量更优。以标准差椭圆方位角反映空间分布的主趋势方向，长江经济带中上游矿业城市椭圆方位角由 2007 年的 75.01°缩小到 2019 年的 73.32°，下游矿业城市椭圆方位角由 146.85°扩大到 153.23°，椭圆轴线都呈现出顺时针旋转的趋势。

表 5 – 5　　长江经济带不同区域矿业城市水生态环境标准差椭圆参数

区域	项目	2007 年	2011 年	2015 年	2019 年
中上游	中心城市	萍乡市	萍乡市	宜春市	宜春市
	中心坐标	113.77°E，27.75°N	113.81°E，27.91°N	114.17°E，27.83°N	114.17°E，27.95°N
	椭圆面积（平方千米）	24.08	23.73	21.46	21.74
	长半轴长度（千米）	4.98	5.14	4.24	4.42
	短半轴长度（千米）	1.54	1.47	1.61	1.57
	长短轴比值	0.31	0.29	0.38	0.36
	方位角（°）	75.01	74	74.06	73.32
下游	中心城市	滁州市	滁州市	滁州市	滁州市
	中心坐标	117.94°E，32.41°N	117.88°E，32.36°N	117.89°E，32.37°N	117.75°E，32.39°N
	椭圆面积（平方千米）	8.14	7.59	7.28	6.82
	长半轴长度（千米）	2.35	2.21	2.17	2.12
	短半轴长度（千米）	1.1	1.09	1.07	1.02
	长短轴比值	0.47	0.49	0.49	0.48
	方位角（°）	146.85	149.06	151.83	153.23

不同矿业城市呈现出差异化的时间和空间水生态环境特征。图 5 – 7 显

示了2007年、2011年、2015年和2019年各矿业城市水生态环境指数。从时间变化来看，较多矿业城市水生态环境指数呈现上升态势，2015年或者2019年的水生态环境指数最大。其中，2019年水生态环境指数最大的矿业城市包括滁州市、宿州市、淮南市、宣城市、淮北市和池州市；2015年水生态环境指数最高的矿业城市包括赣州市、宜春市、黄石市、新余市、萍乡市、徐州市、宿迁市和马鞍山市。从空间分布来看，大多数中上游矿业城市在2015年水生态环境指数最高，约占71.43%；50%的下游矿业城市在2019年水生态环境指数最高。其中，2015年水生态环境指数最高的矿业城市中中上游城市占比62.5%（如图5-7所示）。可见，大多数矿业城市水生态环境质量在最近五年是不断优化的，相对而言，下游矿业城市比中上游矿业城市水生态环境质量在2019年更优，比2007年进步更大。2019年比2007年水生态环境指数增幅最大的三个矿业城市分别为下游的宣城市（126.38%）、滁州市（126.78%）和马鞍山市（99.56%）。同时，由水生态环境指数最高的矿业城市发展阶段类型可知，成熟型矿业城市水生态环境指数最高。以上结果进一步验证了标准差椭圆的结果（见表5-6）。

表5-6展示了不同阶段矿业城市水生态环境标准差椭圆。从重心转移情况来看，2007~2019年，长江经济带成熟型、衰退型和再生型矿业城市水生态环境重心变化都不大，经纬度变化不明显。从长短半轴的长度来看，2007~2019年成熟型城市长半轴长度由5.70千米缩短为5.03千米，短半轴长度由2.67千米缩短为2.52千米；衰退型城市变化不大；再生型城市长半轴长度由1.77千米扩大为1.92千米，短半轴长度由0.26千米缩短为0.22千米，说明长江经济带成熟型矿业城市水生态环境在主要和次要方向上都在缩小，而再生型矿业城市在主方向上扩大，在次要趋势方向缩小。从长短轴比值可以看出，成熟型矿业城市长短轴比值大于衰退型和再生型，表明成熟型矿业城市水生态环境更优。以标准差椭圆方位角反映空间分布的主趋势方向，长江经济带成熟型矿业城市椭圆方位角由2007年的59.80°缩小到2019年的53.43°，衰退型城市方位角由28.49°缩小为28.43°，再生型城市椭圆方位角由160.13°扩大为161.99°，成熟型和

衰退型矿业城市椭圆轴线都呈现逆时针旋转的趋势，再生型矿业城市椭圆
轴线呈现顺时针旋转趋势。

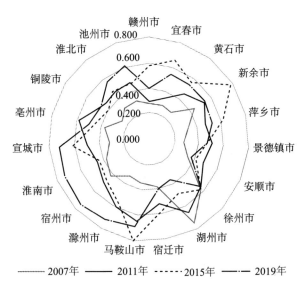

图 5 – 7 2007 年、2011 年、2015 年和 2019 年矿业城市水生态环境指数

表 5 – 6 长江经济带不同阶段矿业城市水生态环境标准差椭圆参数

阶段	项目	2007 年	2011 年	2015 年	2019 年
成熟型	中心坐标	116. 53°E，30. 70°N	116. 33°E，30. 79°N	116. 24°E，30. 33°N	116. 52°E，30. 94°N
	椭圆面积（平方千米）	47. 79	47. 27	46. 79	39. 76
	长半轴长度（千米）	5. 70	5. 86	5. 54	5. 03
	短半轴长度（千米）	2. 67	2. 57	2. 69	2. 52
	长短轴比值	0. 47	0. 44	0. 49	0. 50
	方位角（°）	59. 80	59. 93	54. 97	53. 43
衰退型	中心坐标	115. 81°E，29. 72°N	115. 94°E，29. 81°N	115. 68°E，29. 56°N	115. 88°E，29. 90°N
	椭圆面积（平方千米）	14. 11	14. 38	13. 34	14. 59
	长半轴长度（千米）	3. 36	3. 26	3. 27	3. 36
	短半轴长度（千米）	1. 34	1. 40	1. 30	1. 38
	长短轴比值	0. 40	0. 43	0. 40	0. 41
	方位角（°）	28. 49	29. 78	29. 77	28. 43

阶段	项目	2007 年	2011 年	2015 年	2019 年
再生型	中心坐标	118.11°E, 33.42°N	118.23°E, 33.11°N	118.26°E, 33.03°N	118.22°E, 33.02°N
	椭圆面积（平方千米）	2.58	2.64	2.62	2.56
	长半轴长度（千米）	1.77	1.86	1.87	1.92
	短半轴长度（千米）	0.46	0.45	0.45	0.42
	长短轴比值	0.26	0.24	0.24	0.22
	方位角（°）	160.13	162.53	163.05	161.99

总的来看，相比 2007 年，大多数矿业城市水生态环境保护取得了明显的成效。2012 年 11 月，党的十八大明确提出生态文明建设，随后密集出台的《水污染防治行动计划》《长江经济带生态环境保护规划》《长江三角洲区域一体化发展规划纲要》《长江水保护法》等文件，均为长江经济带矿业城市水生态环境保护指明了方向。这也正体现了中国共产党领导下"集中力量办大事"的优势，真正落实了长江经济带的"共抓大保护，不搞大开发"（Wang et al.，2021）。在 2019 年，下游矿业城市比中上游矿业城市水生态环境质量更优，比 2007 年进步更大，这与长江经济带中上游地区有色和黑色金属在当地经济社会发展中占重要地位，以及对中国资源保障起到积极作用的现实情况是相符的。长江经济带下游地区矿业对就业和工业增加值的贡献相对较小，而中上游地区的贡献相对较大。

第四节　长江经济带矿业城市水生态环境质量耦合协调态势分析

总体来说，成熟型和再生型矿业城市的水环境和水生态二者之间耦合协调发展状况表现在初期处于良好的协调发展状态，并保持耦合协调基本平衡的趋势（如图 5-8 所示）。2015~2019 年，再生型矿业城市水环境和水生态耦合协调度的总体水平大于成熟型矿业城市，再生型矿业城市耦合协调度平均值区间为 [0.7501，0.9228]，成熟型矿业城市耦合协调度平均值区间为［0.6644，0.8238］。衰退型矿业城市的水环境和水生态存在波动频繁的态势，近五年耦合协调度平均值区间为［0.0602，0.8758］（如图5-9所示）。

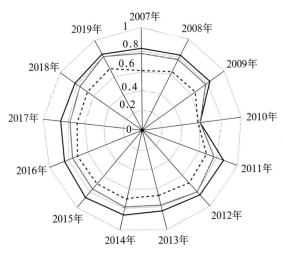

图5-8　2007~2019年长江经济带不同阶段矿业城市
水生态环境质量耦合协调发展趋势

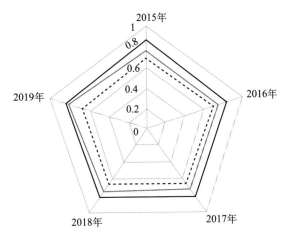

图5-9　近五年长江经济带不同阶段矿业城市
水生态环境质量耦合协调发展趋势

图5-10显示了各矿业城市耦合协调度。就成熟型矿业城市而言，亳州市总体水平高于其他城市，平均值为0.7953，在2008年耦合协调度就达到了0.8182，进入良好的协调阶段，相对成熟型的其他城市变化趋势保持平稳。就衰退型矿业城市而言，新余市和萍乡市的耦合协调度为高度协调，平均值分别为0.8252和0.8152；铜陵市的耦合协调度平均值为0.0577，属于水环境与水生态非协调状态；黄石市、景德镇市和淮北市处于中度协调状态。就再生型矿业城市而言，马鞍山市的耦合协调度领先于徐州、宿迁两市，但徐州市的耦合协调度平均值为0.8269，大于0.8，也属于水环境与水资源系统高度协调状态；宿迁市的耦合协调度平均值为0.7649，达到中度协调状态；马鞍山市和徐州市呈现协调度上升的趋势。

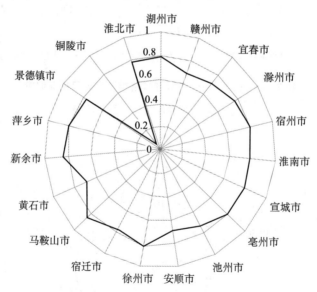

图5-10 2007~2019年长江经济带矿业城市
水生态环境质量平均耦合协调发展状况

大多数矿业城市仍属于水环境滞后类型。表5-7显示，2019年长江经济带矿业城市中有17个属于水环境滞后型，约占样本数量的89.5%，2个属于水生态滞后型，约占样本数量的10.5%（见表5-7）。

表5-7　2019年长江经济带矿业城市水环境和水生态耦合协调发展的滞后类型

滞后类型	数量（个）	矿业城市
水环境	17	安顺市、赣州市、宜春市、新余市、萍乡市、景德镇市、湖州市、滁州市、宿州市、淮南市、宣城市、亳州市、池州市、淮北市、马鞍山市、徐州市、宿迁市
水生态	2	铜陵市、黄石市

可见，再生型矿业城市的水环境和水生态耦合协调发展状态优于成熟型和衰退型矿业城市。转型是中国矿业城市实现可持续发展的必由之路。成熟型和衰退型矿业城市都面临着转型，再生型矿业城市基本完成了经济转型。将矿业城市发展为旅游目的地已被许多城市采用，如再生型矿业城市丽江市、香格里拉市旅游业发展较好。而矿业城市的转型在很多时候是在其进入衰退之后才开始规划的，即大多数成熟型和衰退型矿业城市规划经济转型滞后，矿业发展仍然是二者的重点。因此，再生型矿业城市的水环境和水生态耦合协调发展状态更优。

大多数矿业城市仍属于水环境滞后类型，重金属污染已得到较好的治理，由重金属污染带来的水生态安全威胁较低。重金属具有毒性、持久性和生物聚集性，水生态系统因其重金属污染在全球范围内备受关注。中国在《重金属污染综合防治"十二五"规划》中明确了138个重点防护区，4452家重点防控企业，有针对性地分类分区解决重金属污染问题。《重金属污染综合防治"十二五"规划》实施情况全面考核结果显示，2015年中国主要重金属污染物排放总量比2007年下降27.6%，2012～2015年平均每年发生涉重金属突发环境事件不到3起，取得明显成效（中国原环境保护部，2016）。

第五节　本章小结

本章运用云模型、CV—TOPSIS、标准差椭圆和耦合协调度模型等方法，评价长江经济带矿业城市水生态环境与协调发展状况。通过本章研究，主要得出以下几点认识：第一，长江经济带矿业城市水生态环境总体良好；第二，大多数矿业城市水生态环境保护在近几年取得了明显的成效，下游比上游取得的成效更为显著；第三，再生型矿业城市水环境和水生态耦合协调发展状态优于成熟型和衰退型矿业城市；第四，大多数矿业城市仍属于水环境滞后类型，重金属污染已得到较好的治理，由重金属污染带来的水生态安全威胁较低。

第六章　长江经济带矿业城市水生态
环境质量的影响机制分析

在水生态环境质量评价的基础上，本章进一步分析了长江经济带矿业城市水生态环境质量的影响机制。本章基于理论分析，提出研究假设，构建动态面板数据模型，从总体、不同区域和不同发展阶段三个维度分析长江经济带矿业城市水生态环境质量的影响因素。

第一节　理论分析与研究假设

水生态环境质量受到诸多因素的影响。通常，人口、富裕程度、技术进步通过影响污水排放量和污水处理技术等方面，对水生态环境产生影响，由于矿业城市有其自身产业特征，其水生态环境质量的影响因素更为复杂。矿产资源开发利用会给水生态环境带来巨大压力，因此矿产资源开采量和产业结构成为影响矿业城市水生态环境质量的重要因素。此外，矿业城市水生态环境是一个连续的动态调整过程，在时间上保持延续性，前期水生态环境质量的影响也不可忽视。厘清这些因素对水生态环境质量的影响机制，对保护矿业城市水生态环境具有重要意义。

一、矿产资源开采量的影响

矿产资源开发利用会对当地水生态和水环境产生显著影响，一方面，选矿、开矿、采矿过程中会产生大量富含重金属元素和有害物质的工业废水，为了节约生产成本，企业通常不会对废水进行净化处理，而是直接排放，其中的重金属元素和有害物质会通过水循环渗入地表，对水环境造成污染。另一方面，矿山开采会造成地面塌陷，地貌形态改变会导致地表水径流条件发生变化，进而改变地表水原有生态系统，对沿岸水生态造成破坏。矿业城市矿产资源开发利用对其水生态环境影响尤为明显，不同规模采矿业的影响程度也有所不同，矿产资源开采量大的地区废水排放量和矿山数量更多，水生态和水环境破坏也更为严重。因此，提出假设：矿产资源开采量会对矿业城市水生态环境质量产生负向影响。

二、产业结构的影响

产业结构是指一定地域空间内不同产业的构成及各产业之间的联系和比例关系，产业结构会影响资源开发利用的强度与方式，第二产业比重越大，对自然资源的需求量和消耗量越大，技术管理手段发挥的作用相对受限。第二产业尤其是重工业占比大的矿业城市，矿产资源开采量和工业废水排放量大，水生态环境面临的压力更大。而第三产业发达的矿业城市更倾向于发展非资源型产业，技术创新和先进的管理手段使产品结构和市场规则更加健全，逐渐形成低消耗、轻污染的良性循环，水生态环境状况更加健康。因此，提出假设：产业结构会对矿业城市水生态环境质量产生正向影响。

三、技术进步的影响

内生经济增长理论认为技术进步是保证经济持续增长的决定因素，实现经济持续发展需要依靠效率提升而非单纯加大要素投入，作为经济系统的重要部分，矿产资源开发利用及其对水生态环境产生的影响也会受制于技术进步。技术发达的地区拥有充足的 R&D 资金与人才资源，更易获取先进的设备进行技术革新，有能力通过优化矿石开采流程、提高污水处理技术等手段减少污水排放，降低污染物浓度，从而实现水生态环境绿色发展。技术落后的地区 R&D 资金投入不足，落后的生产方式造成严重的资源浪费和高污染排放，水生态环境面临更大挑战。因此，提出假设：技术进步会对矿业城市水生态环境质量产生正向影响。

四、人口的影响

水资源作为人类社会最重要的资源涉及人类活动的各个方面，人类活动对水生态和水环境的影响日益凸显，随着人口规模不断增加，人类活动愈加频繁，水生态环境面临的压力也越来越大。人口数量增多意味着对农业、工业等活动产品的需求增加，而工农业生产规模的扩大会导致废水排放量增加，同时人口数量增多也直接增加了生活废水排放量，对水环境质量产生不利影响。此外，污水中的有害物质进入水循环会引发酸雨等现象，会对水生态系统造成严重破坏。因此，提出假设：人口规模对矿业城市水生态环境质量产生负向影响。

五、富裕程度的影响

一个地区的水生态环境状况与其经济发展水平密切相关，经济发展水平高的地区通常经历了完整的产业发展阶段，低级产业向高级产业转化过程中累积的环境污染对本地区水生态环境产生长期影响，滞后效应对这种负面影响具有增强作用，同时，经济高速发展也会伴随大量污染物的排放。因此，提出假设：富裕程度会对矿业城市水生态环境质量产生负向影响。

六、前期水生态环境质量的影响

滞后效应是指人类对生态环境的破坏所引起的后果并不是立刻表现出来的，而是要在经过一定时间后才会充分展示。水生态环境的污染和破坏也具有很强的滞后效应，水生态环境状况良好的地区水体自我净化能力强，水循环形成良性发展，对提升后期水生态环境质量产生积极影响。同时，长江经济带矿业城市的污水排放强度也存在显著的累积滞后效应，其水生态环境是一个连续的动态调整过程，在时间上保持延续性。因此，提出假设：前期水生态环境质量会对后期水生态环境质量产生正向影响。

第二节　水生态环境质量影响机制分析模型的构建

一、模型设定与变量定义

（一）基准模型

为了概念化人为因素对自然环境产生的影响，埃利希和康默纳（Ehrlich and Comnoner）于20世纪70年代提出IPAT模型用以评估环境压力，模型公式表达为：

$$I = PAT \qquad (6-1)$$

式（6-1）认为，环境影响I由人口因素P、富裕程度A以及技术进步T共同决定。模型隐含线性假定，认为各因素对环境产生的影响完全均等，但事实上，在不同地区和不同条件下，各个因素对环境的影响程度会有所差异。比如在经济发达的地区，技术可能是影响环境变化最主要的因素；而在经济落后的地区，人口则是影响环境变化最主要的因素。

为了克服IPAT模型的缺陷，迪茨等（Dietz et al.）人对IPAT模型作出了修正，提出了非线性的STIRPAT模型，模型公式表达为：

$$I = aP^{b}A^{c}T^{d}e \qquad (6-2)$$

其中，a为模型的常数项，b、c、d分别为人口、富裕程度和技术对环境影响的指数，e为模型误差项。该模型可以将社会因素对环境变化产生的影响进行量化。实际应用中为了减少异方差影响，通常将两边同时取对数得到更为标准的线性模型：

$$\ln(I) = \ln a + b\ln(P) + c\ln(A) + d\ln(T) + \ln(e) \qquad (6-3)$$

其中，b、c、d表示其他因素不变的情况下，自变量变化1%引起的环境的变化程度。

据此建立矿业城市水生态环境质量影响机制的基准模型：

$$\ln I_{it} = \alpha_0 + \beta_1 \ln P_{it} + \beta_2 \ln GDPPC_{it} + \beta_3 \ln RD_{it} + \varepsilon_{it} \qquad (6-4)$$

其中, I_{it} 表示第 i 个城市第 t 期水生态环境质量,选取水生态环境质量综合评价值作为衡量指标; P_{it} 表示人口规模,选取常住人口作为衡量指标; $GDPPC_{it}$ 表示富裕程度,选取人均 GDP 作为衡量指标; RD_{it} 表示技术进步,选取 R&D 资金投入量作为衡量指标。

(二) 考虑矿业城市水生态环境特征的拓展模型

为了更全面地考察长江经济带矿业城市水生态环境质量影响因素,除上述涉及的变量之外,本书根据矿业城市水生态环境质量特征引入了其他变量。

首先是矿产资源开采量。采矿业在矿业城市工业体系中占据主导地位,矿产资源开发对水生态环境产生的影响举足轻重。不同规模的矿业城市矿产资源开采量不同,对水生态环境质量的影响程度也有所差别。因此,引入矿产资源开采量作为解释变量对基准模型进行拓展。

其次是政策因素。在"以共抓大保护、不搞大开发为导向推动长江经济带发展""支持资源型地区经济转型发展"等政策的导向下,以及在国家大力推动产业升级转型的背景之下,长江经济带矿业城市也相应提出了向经济高质量发展转型的目标,这必然会对其水生态环境质量产生影响。因此,引入产业结构高级化指数作为经济转型发展的度量指标。

基于上述分析建立矿业城市水生态环境质量影响机制研究的拓展模型:

$$\ln I_{it} = \alpha_0 + \beta_1 \ln P_{it} + \beta_2 \ln GDPPC_{it} + \beta_3 \ln RD_{it} \\ + \beta_4 \ln ME_{it} + \beta_5 \ln IS_{it} + \varepsilon_{it} \tag{6-5}$$

其中, ME_{it} 表示矿产资源开采量; IS_{it} 表示产业结构高级化指数,用以对产业结构优化程度进行度量。根据克拉克定理,产业结构高级化指数可以用第二、第三产业产值之和占总产值的比例来衡量,但是干春晖和郑若谷 (2009) 提出第三产业高速发展使得产业结构发生重大改变,这种计算方式不再具有合理性。因此,本书参考付凌晖 (2010) 提出的产业结构高级化值计算方法来计算该变量具体值。

（三）考虑水生态环境质量动态影响的拓展模型

矿业城市水生态环境是一个连续的动态调整过程，在时间上保持延续，被解释变量存在滞后效应（彭定华等，2023）。因此在拓展模型的基础上引入动态模型滞后项以控制滞后效应：

$$\ln I_{it} = \alpha_0 + \ln I_{it-1} + \beta_1 \ln P_{it} + \beta_2 \ln GDPPC_{it}$$
$$+ \beta_3 \ln RD_{it} + \beta_4 \ln ME_{it} + \beta_5 \ln IS_{it} + \varepsilon_{it} \qquad (6-6)$$

其中，I_{it-1} 表示滞后一期的水生态环境质量。

二、数据来源*

表6-1、表6-2列示了变量意义及描述性统计结果。

表6-1　　　　　　　　　　　　变量意义

变量符号	变量描述	单位
I	水生态环境指数	—
P	常住人口	万人
$GDPPC$	人均 GDP	元
RD	R&D 投入	亿元
ME	年矿石产量	万吨
IS	产业结构高级化指数	—

表6-2　　　　　　　　　　　　变量描述性统计

变量	Obs	Mean	Sd	Min	Max
I	190	0.452	0.157	0.0779	0.925
P	190	349.2	214.7	72.40	876.3
$GDPPC$	190	37299	20304	1630	97193
RD	190	16.67	20.59	0.320	122.0
ME	190	3654	3085	272.2	20599
IS	190	6.360	0.241	5.863	6.915

---

* 本书数据均来自《中国城市统计年鉴》《中国环境统计年鉴》、各地级市统计年鉴、各地级市环境状况公报、各地级市矿产资源总体规划，以及各地级市统计局官方网站和自然资源部矿产资源开发利用数据库，此外还有少部分数据通过调研和插值法获取。

第三节 长江经济带矿业城市水生态环境质量影响机制分析

一、总体分析

根据拓展的 STIRPAT 模型，对样本城市 2012～2021 年数据进行固定效应分析，并进行多重共线性检验，方差膨胀因子为 4.87，说明变量不存在多重共线性。从回归结果来看，模型 R^2 为 0.358，说明模型基本显著，拟合效果较好。前期水生态环境指数、R&D 投入量、产业结构高级化指数每提高 1%，本期水生态环境指数分别提高 0.082%、2.748%、33.675%。常住人口、人均 GDP、年矿石产量每提高 1%，水生态环境指数分别降低 5.495%、8.139%、1.075%（见表 6-3）。

表 6-3　　　　　　　　　　整体样本回归结果

变量	(1) ln$I$
$L. \ln I$	0.082 * (1.75)
$\ln P$	-5.495 *** (-3.26)
$\ln GDPPC$	-8.139 *** (-3.01)
$\ln RD$	2.748 *** (3.46)
$\ln ME$	-1.075 *** (-3.07)
$\ln IS$	33.675 * (1.84)
$Constant$	30.648 (1.25)

续表

变量	(1) $\ln I$
N	171
R^2	0.358

注：＊、＊＊＊表示在10%、1%水平上通过检验。

前期水生态环境指数对本期有显著影响，说明水生态环境是一个连续的动态调整过程，水污染带来的负面效应是长期的，水生态环境治理需要持续努力。同时，随着矿业城市经济快速发展、人口规模不断增加，水生态环境所面临的压力越来越大，水生态环境恶化已经成为制约矿业城市可持续发展的重要因素。矿产资源开发对水生态环境质量具有显著的负向影响，基于矿业城市自身产业特点，对矿产开发的有效管理成为水生态环境治理的关键突破口。此外，加大创新投入、推动产业升级转型能够有效改善矿业城市水生态环境质量，矿业城市应积极创新提高污水处理技术，同时加快转变过度依赖重污染采矿业的产业结构。

二、不同区域矿业城市分析

为了探究水生态环境质量影响因素的区域差异性，将样本城市按地理位置划分为中上游和下游两组，进行固定效应分析。从回归结果来看，各解释变量对水生态环境质量的影响与整体样本相一致，但具体影响程度存在空间差异性。对于下游矿业城市，常住人口、人均GDP、年矿石产量和产业结构高级化指数影响显著。常住人口、人均GDP、年矿石产量每提高1%，水生态环境指数分别降低5.638%、10.385%、1.796%；产业结构高级化指数每提高1%，水生态环境指数提高51.141%。对于中上游矿业城市，人均GDP、R&D投入量和年矿石产量影响显著。人均GDP、年矿石产量每提高1%，水生态环境指数分别降低15.111%、2.123%；R&D投入量每提高1%，水生态环境指数提高2.918%（见表6-4）。

表 6 – 4　　　　　　　　　　　不同区域样本回归结果

变量	(2) 下游城市	(3) 中上游城市
$L. \ln I$	0.080	0.096
	(0.91)	(0.67)
$\ln P$	– 5.638 **	60.711
	(– 2.23)	(0.63)
$\ln GDPPC$	– 10.385 ***	– 15.111 ***
	(– 3.53)	(– 2.81)
$\ln RD$	2.333	2.918 ***
	(1.45)	(2.99)
$\ln ME$	– 1.796 **	– 2.123 **
	(– 2.56)	(– 2.16)
$\ln IS$	51.141 *	10.476
	(1.85)	(0.29)
$Constant$	33.312	– 217.243
	(0.88)	(– 0.47)
N	108	63
R^2	0.382	0.521

注：* 、** 、*** 表示在 10%、5%、1% 水平上通过检验。

　　人均 GDP 和年矿石产量对中上游和下游城市均有显著影响。此外，下游城市更易受人口规模和产业结构的影响，中上游城市更易受 R&D 投入量的影响。因此在进行水生态环境治理时，下游矿业城市要积极推动产业结构升级转型，中上游矿业城市则要严格控制矿产资源开采量，同时也要加大创新投入、推动科技进步。

三、不同发展阶段矿业城市分析

　　为了探究水生态环境质量影响因素的发展阶段差异性，将样本城市按发展阶段划分为成熟型、衰退型、再生型三组进行固定效应分析。对于成熟型城市，前期水生态环境指数、人均 GDP、R&D 投入量和年矿石产量影响显著。前期水生态环境指数、R&D 投入量每提高 1%，本期水生态环境指数分别提高0.133%、5.555%；人均GDP、年矿石产量每增加1%，水生态环境指数分别降低14.888%、3.384%；对于衰退型城市，常住人口、人均GDP、年矿石产量和产业结构高级化指数影响显著。常住人口、人均GDP、年矿石产量每提高1%，水生态环境指数分别降低8.361%、15.942%、3.070%；产业结构高级化指数每提高1%，水生态环境指数提高30.259%。对于再生型城市，R&D投入量和年矿石产量影响显著。R&D投入量每提高1%，水生态环境指数提高21.836%；年矿石产量每提高1%，水生态环境指数降低1.841%（见表6－5）。

表6－5　　　　　　　　　不同发展阶段样本回归结果

变量	(4) 成熟型	(5) 衰退型	(6) 再生型
$L.\ln I$	0.133 * (2.25)	0.005 (0.21)	0.107 (0.69)
$\ln P$	−11.645 (−1.41)	−8.361 ** (−3.17)	−123.476 (−1.80)
$\ln GDPPC$	−14.888 * (−1.84)	−15.942 ** (−3.65)	−29.887 (−1.89)
$\ln RD$	5.555 ** (2.38)	4.086 (1.97)	21.386 * (4.20)
$\ln ME$	−3.384 ** (−2.92)	−3.070 ** (−3.43)	−1.841 * (−4.06)
$\ln IS$	35.225 (0.82)	30.259 * (2.03)	29.971 (0.95)
$Constant$	121.768 (1.54)	134.218 ** (3.65)	762.098 (2.81)
N	90	54	27
R^2	0.335	0.291	0.436

注：*、**表示在10%、5%水平上通过检验。

在对成熟型城市水生态环境进行治理时，要特别注意治理政策的空间联动性和时序连贯性，持续改善水生态环境质量，以促进水生态环境良性循环。对衰退型城市水生态环境进行治理时，要积极推动产业升级转型，改变过度依赖重污染采矿业的产业发展现状，从源头减少工业污水排放。对再生型城市水生态环境进行治理时，要加大创新力度、推动技术进步，同时还要对矿产资源的开发进行严格管控。

第四节　稳健性检验

为进一步验证假设的合理性和模型的稳健性，采用模型替换的方法进行稳健性检验，选择系统 GMM 模型对数据进行回归分析。从回归结果可以看出，解释变量的解释程度出现了不同程度的变化，但是依然都很显著（见表 6-6），且模型通过了自相关检验，这说明本书所提出的假设是合理的，建立的模型是稳健的。

表 6-6　　　　　　　　　　　　　稳健性检验

变量	(7) $\ln I$
$L. \ln I$	0.085 * (1.77)
$\ln P$	-5.676 *** (-3.02)
$\ln GDPPC$	-7.813 ** (-2.79)
$\ln RD$	2.16 ** (2.58)
$\ln ME$	-1.156 *** (-3.51)
$\ln IS$	51.931 ** (2.55)
N	152
AR (2)	0.10

注：*、**、*** 表示在 10%、5%、1% 水平上通过检验。

第五节　提升长江经济带矿业城市
水生态环境质量的建议

为解决矿产资源开发存在的水生态环境问题，必须以"共抓大保护、不搞大开发"为导向，以保持矿区水生态系统稳定、改善矿区水生态环境和保障流域人居安全等为目标，协调好发展与底线的关系，强化空间、总量、环境准入管理，优化矿业勘查开发空间布局，推动矿业城市产业转型升级，推广矿业勘查开发先进技术，推进矿产资源节约与综合利用，完善流域矿产资源开发生态补偿机制。

一、积极推动技术进步

（一）增加减排、治污技术投入

在开采过程中未造成水污染阶段，研发先进的绿色开采技术，如保水开采技术，通过对煤层地质条件的精细探测和分析，最大限度地减少对地下水的破坏和影响。矿区采用充填开采技术，将矸石等固体废弃物充填到采空区，减少地面塌陷和对含水层的破坏。此外，利用微生物选矿技术投入，提高矿物的回收率，减少尾矿的产生量，实现矿井水的零排放或达标排放。硫氧化细菌可以氧化硫化矿物，释放出其中的铜、金等金属离子，微生物在常温常压下进行反应，不产生大量的废气、废渣和废水，对环境的污染小。同时，进一步完善矿业城市水环境综合模拟与调控技术，研究城市水循环过程中多过程之间的耦合机制，促进综合模拟与调控技术在长江经济带的示范应用。

在开采后已产生水污染阶段，研发治污材料，孔径结构和高吸附容量的材料和生物炭极为有效，可除去水中的重金属、有机污染物。研发新型膜材料，如抗污染、高通量的超滤膜、纳滤膜和反渗透膜等，提高膜分离技术在污水处理和回收利用中的性能。增加智能化采矿排污处理设备的研发投入，运用自动监测、智能控制和远程管理功能的排污处理设备，实时监测水质变化，精确量化水质数据、污染物浓度数据，提高水生态信息利用率，并且在系统中集成污染治理单位，达到水污染及时治理。

（二）增加尾矿处理技术的投入

天然气工业废水和化学需氧量排放量迅速增加。随着长江中上游区域天然气开发水平上升，天然气产量的激增将不可避免地导致工业废水和COD排放量进一步上升，并可能对水生态产生附加影响。投入"物理预处理＋化学沉淀＋生物处理＋深度处理"的组合工艺，确保出水水质达到国家排放标准，未来应该投入更多的资金用于尾矿处理。

（三）加大企业污染处罚力度

严格准入审批，要求矿山企业在项目建设前必须进行全面的环境影响评估。环保部门要对其评估进行严格审核，确保其对污染的预测、防治措施的可行性内容符合要求。建立责任追溯制度，对于编制虚假评估报告的情况要追究法律责任，杜绝企业通过不正当手段获取许可。

加强日常监管执法，环保、国土资源部门应当联合巡查，定期对采矿企业进行现场检查，对于生产设备、环保设施、污染物治理排放情况等不定期排查，定期对企业进行全面巡查。加强在线监测，要求大型矿山企业全面安装监控，与环保部门监控联网，使环保部门可以随时掌握企业的排污情况。

明确处罚标准，根据污染物的种类、浓度、排放量、危害程度等制定详细的标准。对于排放重金属污染物的企业，按照超标的倍数和重金属种类动态设置罚款标准，并且要求企业承担生态修复费用。明确处罚程序，通过调查取证、告知当事人、听取申辩、作出处罚，确保处罚程序合法、公正、透明。对于重大的处罚案件，应邀请专家、学者、公众代表参与听证，提高处罚的公信力。

落实责任追究制度，明确开采企业的法人、主要负责人对企业的污染承担主要责任，若发生严重污染事故，除了对企业进行处罚外，还要依法追究相关责任人的法律责任。就监管部门的考核与问责，对于监管不力、执法不严、包庇纵容企业，要依法追究监管人员的法律责任。

加强公众监督，建立公众举报奖励制度，鼓励公众对矿山企业的污染行为进行举报，激发公众参与监督的积极性。同时，要严格保证公众举报的处理时效，有举报必有回复，增强公众对执法的信心。

二、严格实行高污染矿种限量开采

（一）明确高污染矿种

目前在金属矿类中，如铁、铅、锌、钨、锡的废水控制能力有所增强。但是，铝土矿的开采技术还有较大发展空间，其矿井水含大量悬浮物、重金属离子等有害物质，未经处理排放会污染地表水和地下水，影响水生生物及水资源利用；而选矿废水含化学药剂和悬浮物，处理不当会严重污染水体。铝土矿含硫化物，在开采和堆放时与空气、水接触会产生酸性废水，具强腐蚀性，危害土壤、水体和水生生物。这类矿物应当特别明确开采步骤，做到有序开采，保证污染可控。

（二）加强污染矿种开采规模管控

对于污染矿种的开采规模界定，应当从需求面和治理面来衡量，要分析国家和地区对于该种矿产资源的需求情况，包括当前的需求量以及国家发展中的重要性来考量。根据资源的稀缺性以及对环境保护的要求制定开发政策，要保护性开发矿物，以降低环境污染风险。要制定严格的废水处理标准和措施，控制开采规模以确保废水处理设施能够有效处理产生的废水，避免对水资源造成污染。对于可能受到影响的水源地和水生态系统，要采取特别的保护措施，限制开采规模以降低污染。

（三）促进矿山水生态环境保护和恢复治理

要对矿区内的河流、湖泊等地表水进行治理，清除其中的污染物和淤积物，恢复水体的生态功能。可以采用生态护坡、人工湿地等技术，减少水土流失和污染物的输入。建立雨水收集和利用系统，将雨水收集起来用于矿区的植被灌溉和生态修复，以减少对地下水的依赖。同时，通过雨水的自然净化作用，改善矿区的水环境。对受污染的地下水进行监测和评估，确定污染范围和程度。采用抽水净化、原位修复等技术，去除地下水中的污染物，恢复地下水的水质。

三、推进长江上中下游矿业城市差异化的水生态环境治理措施

针对长江上游，由于地形复杂，多高山峡谷，矿山开采过程中产生的废渣、废水等污染物难以自然排放和集中处理，矿坑废水若淌入山谷，将对周边的河流造成污染，治理难度很大。针对原始生态极其脆弱的区域，最应该加强源头管控，对于开采水平、治污水平、开采规模等都应该有严格的矿业准入审批。

针对长江中下游，其属平原地带，其中江汉平原是重要粮食基地；长江中游湖泊集中，其属重要水生态系统保护湖泊生态环境，要加强湖泊水质监测和治理。要控制围湖造田和养殖污染，保证湖泊的生态功能。对于中下游沿江地区的低山丘陵地区，矿业开采容易导致水土流失，要采取植树造林、退耕还林还草等措施。长江中下游，尤其江浙一带经济发达，要推动工业转型升级，减少矿业开采和落后产能，减少工业污染排放，发展高新技术和节能环保产业。

四、提前布局不同发展阶段矿业城市的转型发展

（一）成熟型矿业城市

成熟型的矿业城市往往具有某一矿物完善的工业产业和充足的资源优势，但是其他产业比较落后，可以利用现有的工业基础和资源基础，从开采业转型到深加工业。对矿业产业进行升级改造，延长产业链，提高产品附加值，从单纯的矿石开采向矿石深加工、高端材料制造等方向发展。可以建设选矿厂、冶炼厂，生产高纯度的金属产品；发展新材料产业，利用矿产品生产高性能合金材料、复合材料等。此外，因为矿产资源是不可再生资源，成熟的矿业城市应该发展第三产业，基于较好的工业基础，发展更加绿色、清洁、高价值的第三产业。

（二）衰退型矿业城市

对传统的老矿区进行清理整顿：关、停、并、转。将那些生产成本

高、机械化水平低、生产效率差的煤矿企业，集中到盈利多和机械化水平高的大型企业中去，设备实施和技术改造，调整产品结构和提高产品技术含量。重视生态恢复和保护，用绿色低碳产业代替原先的重工业。建立高校，吸引人才，并把高等院校的教育与本地区经济发展相结合。

（三）成长型和再生型矿业城市

在初期，结合城市的资源禀赋、产业基础和发展定位，制定具有前瞻性和可持续性的绿色发展规划。再生型矿业城市可建立科技产业园，吸引电子信息、生物医药等企业入驻；发展金融、物流、旅游等现代服务业，提升城市的服务功能和经济活力。成长型矿业城市经济增长要不受矿产资源有限性制约，要具有稳定性和可持续性，即便矿业产业比重下降，其他产业也能支撑经济持续增长。经济增长方式要从粗放型转向集约型，注重资源高效利用和环境保护，实现经济、社会与环境协调发展。

五、促进水生态环境系统良性发展

山水林田湖草沙是不可分割的生态系统，各要素之间相互依存、相互影响。水资源是生态系统的重要组成部分，也是制约生态建设的关键因素。要根据水资源的承载能力，合理确定植被的种植类型和规模，避免过度矿业开发和浪费水资源。在治理长江流域时，不仅要聚焦矿物的绿色开采，还要考虑河岸的生态修复、周边山林的保护以及流域内农田的面源污染治理等。在山水林田湖草沙综合治理的过程中，要注重发展绿色产业，推动传统矿业转型升级，发展生态农业、生态旅游、节能环保产业等，实现生态效益与经济效益的双赢。

要推动矿业城市源头综合调控与江河湖库联合调度技术研发，构建完整的矿业城市水生态环境治理体系。基于城市水系统视角，加强源头调控体系、蓄滞体系和排水体系的综合调控，形成源头低影响开发措施、排水管网系统和城市江河湖库等相互联系的城市水系统，为矿业城市水生态环境治理体系的构建提供理论依据和技术支持（夏军等，2024）。

第六节　本章小结

本章基于长江经济带 19 个典型矿业城市 2012～2021 年面板数据，运用 STIRPAT 模型，从所有矿业城市、不同区域和不同发展阶段矿业城市三个层面分析了水生态环境质量影响机制。通过本章研究，主要得出以下几点认识。第一，总体而言，水生态环境是一个动态调整的过程，具有时间上的连续性，受到前期水生态环境指数、常住人口、人均 GDP、年矿石产量、R&D 投入量和产业结构的影响。第二，从区域来看，常住人口和产业结构对下游城市的影响更大，而 R&D 投入量对中上游城市的影响更大，二者均受到人均 GDP 和年矿石产量的显著影响。第三，从发展阶段来看，前期水生态环境指数、人均 GDP、R&D 投入量和年矿石产量对成熟型城市影响显著，常住人口、人均 GDP、年矿石产量和产业结构对衰退型城市影响显著，R&D 投入量和年矿石产量对再生型城市影响显著。

第七章 长江经济带矿业城市
经济转型发展的动态模拟

本章将阐述矿产资源开发的水生态环境影响预测的总体思路，对矿产资源开发及其水生态环境问题进行预测，构建长江经济带矿业城市经济转型发展动态模拟模型，针对不同情景展开分析。

第一节 长江经济带矿产资源开发的
水生态环境影响预测

把握长江经济带矿产资源开发的水生态环境影响的未来总体形势，对水生态环境质量约束下长江经济带矿业城市经济转型发展模型的参数设置有重要意义。

一、矿产资源开发的水生态环境影响预测的总体思路

在矿产资源开发为长江经济带经济发展提供重要物质保障的同时，仍不可避免地给水生态、水环境和人居安全带来威胁，导致生态功能区调节功能遭到挤压，生物多样性减少，农副产品和饮用水的安全性下降，而这些重大问题的产生均与长江经济带矿业城市矿产资源的开发强度有着直接联系。

如图7-1所示，以各省市矿产资源规划报告为基准，考虑国家资源安全、矿业战略、可替代矿种，对2025年、2035年和2050年长江经济带主要矿产资源的产量进行预测。并依据产量预测结果，估算能源、金属和有色三大类矿产资源各类污染物的排放情况（包括废水量、COD、重金属、

氨氮、总磷、总氮等），辨识长江经济带矿产资源开发导致水污染问题的演变方向，预测水污染的程度和空间分布特点。

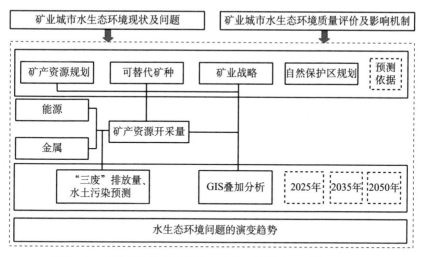

图 7-1　长江经济带矿业城市水生态环境影响预测的总体思路

二、长江经济带矿产资源开发预测

（一）预测约束及依据

1. 以各省（直辖市）矿产资源规划报告为预测基准

以各省（直辖市）的矿产资源规划报告为基础，依据当前矿产资源的开发量，考虑矿产资源规划报告中针对不同矿种的限定条件及需求预测等设置的各种条件，运用指数平滑法来对各地区矿产资源开发量进行预测。

2. 考虑资源供给安全

我国战略性矿产对外依存度偏高，在当前国际环境下，受逆全球化升温、资源民族主义冲突加剧、大国资源竞争加强等影响，境外矿产供给存在诸多安全风险。在此背景下，长江经济带矿产资源开发必须考虑全国及区域矿业战略，保障国家资源、区域资源供给安全。

3. 考虑环境约束及矿种的可替代性

减少可被替代且对生态环境影响较大的矿种的产量，选择可代替且对环境影响较小的矿产资源进行开发。同时，减少不可替代且经济收益小的矿种的产量，通过寻求海外进口，保证国内的储存量。

(二) 长江经济带部分优势矿产资源产量预测

在经济增长向高质量发展转变的背景下，矿业经济发展展现出巨大潜力和增长空间，矿产资源需求持续增长，促进长江经济带矿产资源开发强度整体提高（任芳语等，2022）。

1. 能源资源产量预测

石油产量近期将保持稳定，远期将会逐渐上升。石油开采主要集中在青海省，青海省生态环境脆弱，由于环境保护的要求和约束，开发利用较少。湖北省将建设潜江市—荆州市石油（气）、含钾盐卤水资源开发基地，因此石油产量近期将保持稳定，远期将会逐渐上升。预计 2025 年、2035 年、2050 年长江经济带的石油产量分别为 270 万吨、310 万吨、330 万吨。

天然气产量将稳定上升。天然气（包括煤层气、页岩气）开发集中在青海省、四川省、重庆市等地，随着湖北省加大天然气勘查力度，四川省建设四川盆地天然气基地，重庆市打造云阳镇—万州区—长寿区天然气、岩盐勘查开发基地，天然气产量将会保持稳定上升趋势，预计 2025 年、2035 年、2050 年长江经济带的天然气产量分别为 767 亿立方米、1130 亿立方米、1740 亿立方米。

煤炭产量将大幅减少。煤炭生产主要集中在安徽省、贵州省等地，受国家全力化解煤炭过剩产能政策，各省（直辖市）均大幅减少煤炭开采，预计 2025 年、2035 年、2050 年长江经济带的煤炭产量分别为 48600 万吨、38100 万吨、29800 万吨（见表 7 - 1 ~ 表 7 - 3）。

表 7 - 1　　预计长江经济带 2025 年各省（直辖市）能源资源开发总量

地区	石油（万吨）（原油）	天然气（亿立方米）	煤炭（万吨）（原煤）
青海省	270	100	
云南省			7000
贵州省		20	19000
四川省		350	4500
重庆市		287	1500

续表

地区	石油（万吨）（原油）	天然气（亿立方米）	煤炭（万吨）（原煤）
湖北省		10	1000
湖南省			1100
江苏省			1000
浙江省			
上海市			
江西省			1500
安徽省			12000

注：表格中空白数据均为 0，意为该省的该矿种在预测年份没有产量（下同）。

表 7-2　预计长江经济带 2035 年各省（直辖市）能源资源开发总量

地区	石油（万吨）（原油）	天然气（亿立方米）	煤炭（万吨）（原煤）
青海省	300	150	
云南省			5500
贵州省		60	16000
四川省		500	3500
重庆市		400	1000
湖北省	10	20	
湖南省			800
江苏省			600
浙江省			
上海市			
江西省			1200
安徽省			9500

表 7-3　预计长江经济带 2050 年各省（直辖市）能源开发总量

地区	石油（万吨）（原油）	天然气（亿立方米）	煤炭（万吨）（原煤）
青海省	300	200	
云南省			4000
贵州省		150	14000
四川省		700	2500
重庆市		650	500

续表

地区	石油（万吨）（原油）	天然气（亿立方米）	煤炭（万吨）（原煤）
湖北省	30	40	
湖南省			600
江苏省			300
浙江省			
上海市			
江西省			900
安徽省			7000

2. 金属资源产量预测

长江经济带金属矿产资源开发强度较大的包括铁矿、铜矿、铅矿、锌矿、铝土矿、锂矿、钨矿、锡矿、锑矿等矿产。总体来看，由于上游地区具有良好的资源禀赋，其开发强度远远超过了中下游地区，尤其在铁矿、铝土矿、铅锌矿等优势矿产上。例如，长江经济带上游的贵州拥有丰富的铝土矿，在充分保障区域的需求量的基础上，要求有序地开发铝土矿，预计贵州省铝土矿开采会有小幅增加，其增加的趋势与区域内对铝土矿需求量紧密相关。铜矿、钨矿等国家战略性矿产资源，中下游开发强度超过上游开发强度。由于钨矿的特殊性，江西省、安徽省等作为我国钨矿集中地，其开采规模必须严格控制在国家标准之内。此外，部分金属矿产也有轻微开采，如锑、锶、钼、银等金属，对生态环境影响较小，开采总量较小。

在长江经济带金属资源矿产预测中，钨矿作为战略性矿产，国家实行严格总量控制，其开采规模务必控制在国家标准之内，并且开采总量将有所下降。预计 2025 年、2035 年、2050 年长江经济带钨矿产量分别为 15.41 万吨、14.6 万吨、13.18 万吨。

对于铁矿，国家要求在充分保证其需求的条件下，鼓励开采，预计远期开采规模有所增加，预计 2025 年、2035 年、2050 年长江经济带铁矿产量分别为 16585 万吨、19300 万吨、24000 万吨。

铜矿、铅矿、锌矿产量远期将有小幅上升。预计 2025 年、2035 年、2050 年长江经济带铜矿产量分别为 2002.5 万吨、2361.5 万吨、2877

万吨。

对于铝土矿，国家要求进行有序开发，其产量在远期将稳步增长。预计 2025 年、2035 年、2050 年长江经济带铝土矿产量分别为 1900 万吨、2200 万吨、2600 万吨（见表 7 - 4 ~ 表 7 - 6）。

表 7 - 4　预计长江经济带 2025 年各省（直辖市）主要金属资源开发总量

单位：万吨

地区	铁矿	铝土矿	铜矿	锌矿	铅矿	钨矿	锡矿	锑矿	锂矿
青海省									
云南省	2800		30	80	22	0.4	6.5		
贵州省		1700		50				38	
四川省	6500		350	200		0.03			450
重庆市	100	200							
湖北省	900		700			0.03			
湖南省				20		3	3	3	
江西省	1000		22.5	10.9	3.5	4.45	0.4		1
安徽省	4865		900			6.5			
江苏省	600								
浙江省						1			
上海市									

表 7 - 5　预计长江经济带 2035 年各省（直辖市）主要金属资源开发总量

单位：万吨

地区	铁	铝土矿	铜	锌矿	铅矿	钨矿	锡矿	锑矿	锂矿
青海省									
云南省	3000		35	85	26	0.4	7		
贵州省		1800		55				38	
四川省	7000		400	250		0.05			500
重庆市	300	400							
湖北省	1200		900			0.05			
湖南省				19		2.9	6	6	
江西省	1200		26.5	11.9	4.5	4.4	1		1.5
安徽省	6000		1000			6			

续表

地区	铁	铝土矿	铜	锌矿	铅矿	钨矿	锡矿	锑矿	锂矿
江苏省	800								
浙江省						0.8			
上海市									

表 7 – 6　预计长江经济带 2050 年各省（直辖市）主要金属资源开发总量

单位：万吨

地区	铁矿	铝土矿	铜矿	锌矿	铅矿	钨矿	锡矿	锑矿	锂矿
青海省									
云南省	4000		45	95	35	0.4	9.5		
贵州省	8000	2000		65				37	
四川省			500	350		0.1			600
重庆市	400	600							
湖北省	1400		1100			0.08			
湖南省				16		2.5	11	11	
江西省	1700		32	13.9	6.5	4	2		2.5
安徽省	7500		1200			5.5			
江苏省	1000								
浙江省						0.6			
上海市									

从远期来看，在长江经济带金属矿产资源的开发与利用方面，需要全面建立稳定开放的资源安全保障体系，促进资源开发与经济社会发展、生态环境保护相协调的发展格局的基本形成，使得资源保护更加有效，推动矿业实现全面转型升级和绿色发展，促进现代矿业市场体系全面建立，提高参与全球矿业治理的能力。展望期内，长江经济带金属矿产资源开发要更多地在注重能源安全的基础上，充分保障金属矿产资源的需求量，并实行合理有序地开发。

三、矿产资源开发的水生态环境问题演变趋势分析

长江经济带主要矿产资源的开发强度将得到适当控制，非战略性矿产

资源开采总量逐年减少，战略性矿产资源以保障区域经济发展需求和国家资源安全为目标，适当增加；并且，随着矿山开采的规模化、机械化程度不断提高，矿产资源开发单位产量的污染物排放量将减少。所以总体来看，长江经济带由矿产资源采选所造成的环境污染将会减少，但排放的总量依然偏大，水污染问题仍旧突出。预计 2025 年、2035 年、2050 年长江经济带区域废水排放量分别约为 13.8 亿吨、12.8 亿吨、9.1 亿吨。

（一）能源污染物排放量预测

能源矿产工业废水和化学需氧量排放量近期骤减，远期小幅减少。预计 2025 年、2035 年、2050 年长江经济带地区能源矿产开发行业的工业废水总量分别为 31884 万吨、21278 万吨、19189 万吨；预计 2025 年、2035 年、2050 年长江经济带地区矿产开发行业废水化学需氧量排放总量分别为 18189 吨、13698 吨、12116 吨（如图 7 - 2 所示）。

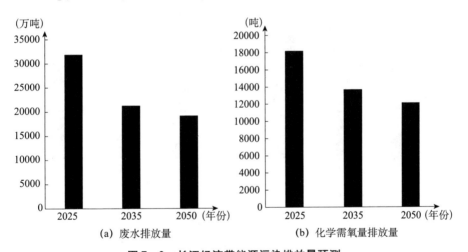

图 7 - 2 长江经济带能源污染排放量预测

未来，煤炭的污染物占比降低，但煤炭开采的废水排放仍占能源矿产废水排放总量的绝大部分。长江经济带地区煤炭开采的废水排放量，2025 年占能源矿产废水排放总量的 99.32%，2035 年占能源矿产废水排放总量的 96.92%，2050 年占能源矿产废水排放总量的 94.28%；随着天然气和页岩气产量的增加，其废水排放占比将由 2025 年的 0.5% 上升至 2050 年的 4.93%。随着石油产量的上升和煤炭产量的大幅减少，石油的化学需氧量排放量占能源矿产的化学需氧量排放量占比，将由 2025 年的 10.12% 上升至 2050 年的 23.65%，煤炭的化学需氧量占比则将由 2025 年的 87.55% 下降至 2050 年的 61.70%。

　　未来石油产量小幅上升，工业废水排放量有所上升，化学需氧量排放量先降后升。由于石油开采技术的进步，近期化学需氧量排放量小幅下降，但是随着石油产量的上升，远期化学需氧量排放量呈现上升趋势。预计 2025 年、2035 年、2050 年长江经济带的石油工业废水分别为 216 万吨、248 万吨、264 万吨；预计 2025 年、2035 年、2050 年长江经济带的石油开发的化学需氧量排放量分别为 7020 吨、5580 吨、5940 吨（如图 7-3 所示）。

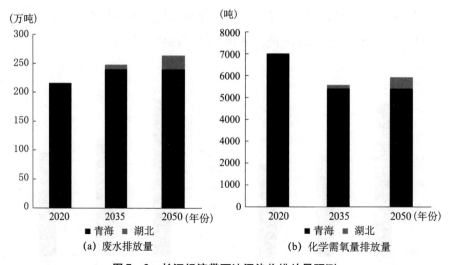

图 7-3　长江经济带石油污染物排放量预测

　　天然气工业废水和化学需氧量排放量迅速增加。四川省、重庆市、湖北省等地加大天然气开发力度，随着天然气产量的猛增，近期和远期天然气工业废水和化学需氧量排放量将会逐渐增加。预计 2025 年、2035 年、2050 年长江经济带的天然气工业废水排放量分别为 452.66 万吨、650.88 万吨、1002.24 万吨；预计 2025 年、2035 年、2050 年长江经济带的天然气开采的化学需氧量排放量分别为 1057.39 吨、1464.48 吨、2255.04 吨（如图 7-4 所示）。

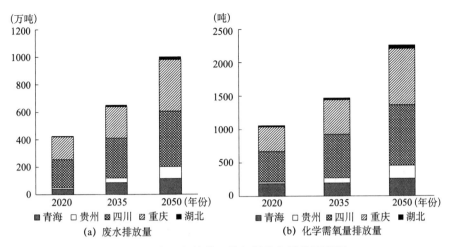

图 7-4 长江经济带天然气污染物排放量预测

煤炭工业废水和化学需氧量排放量近期大幅下降，远期稳定下降。由于煤炭产量的大幅减少和绿色开发的技术推广，煤炭的工业废水和化学需氧量排放量在近期将会出现骤减；技术推广全面普及之后，污染物排放量减少主要源于煤炭产量的减少，远期污染物排放量将会保持稳定小幅下降。预计2025 年、2035 年、2050 年长江经济带的煤炭工业废水排放量分别为31496 万吨、20656 万吨、18292 万吨；预计 2025 年、2035 年、2050 年长江经济带的煤炭化学需氧量排放量分别为10608 吨、7276 吨、4751 吨(如图 7-5 所示)。

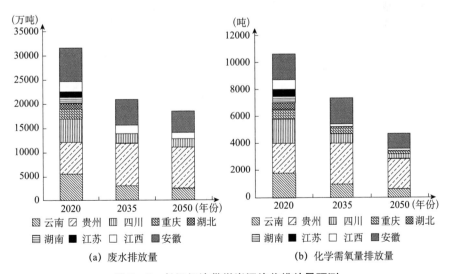

图 7-5 长江经济带煤炭污染物排放量预测

（二）金属矿产排放量预测

在长江经济带金属矿产资源开发过程中，铁矿开采产生的工业废水最多，其次为铝土矿。此外，在金属矿产的开采中伴随着一定的重金属污染，重金属对水土造成的污染是具有累积性，而且不可逆的。随着清洁生产技术革新，非战略性金属矿产产量削减，未来长江经济带金属矿产采选中各类重金属污染物的排放量将有所减少。

在铁矿开发过程中，工业废水排放量大幅下降，化学需氧量排放量出现波动。预计远期铁矿开采技术将大幅提高，因此远期工业废水排放量将大幅下降。预计 2025 年、2035 年、2050 年长江经济带铁矿开采过程中的工业废水排放量分别为 2.9 亿吨、1.2 亿吨、7728 万吨（如图 7 - 6 所示）。

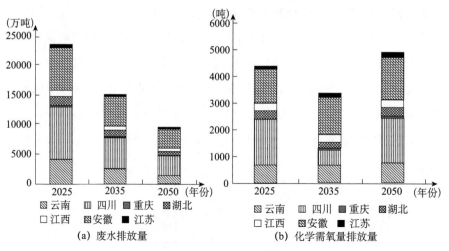

(a) 废水排放量　　　　(b) 化学需氧量排放量

图 7 - 6　铁矿污染物排放量预测

在铝土矿开发过程中，工业废水有所上升，化学需氧量排放量增加，汞、镉、铅、砷等重金属污染加重。由于铝土矿开采技术单一，受其技术因素制约，在远期较难有技术突破，所以铝土矿开发造成的污染将加重。预计 2025 年、2035 年、2050 年长江经济带铝土矿开采过程中的工业废水排放量分别 8500 万吨、8500 万吨和 1.01 亿吨（如图 7 - 7 所示）。

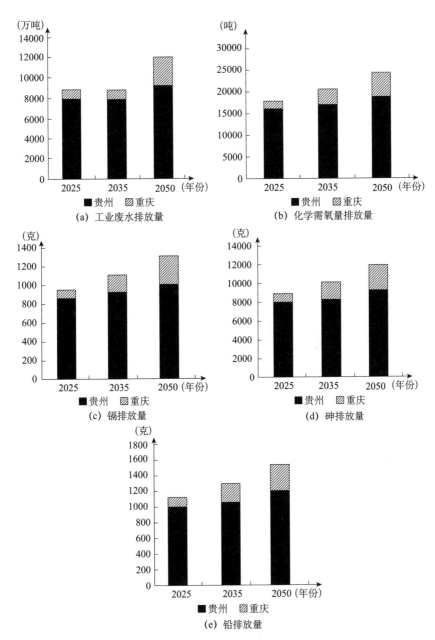

图7-7 长江经济带铝土矿污染物排放量预测

在铅锌矿开发过程中,工业废水排放量小幅下降,化学需氧量排放量出现波动,镉、铅、砷等重金属污染小幅减轻。由于国家鼓励开采铅锌矿,伴随其开采规模的增加和开采技术的提高,使得铅锌矿在开发过程中的污染不断下降。预计2025年、2035年、2050年长江经济带铅锌矿开采过程中的工业废水排放量分别为915万吨、866万吨和639.5万吨（如图7-8所示）。

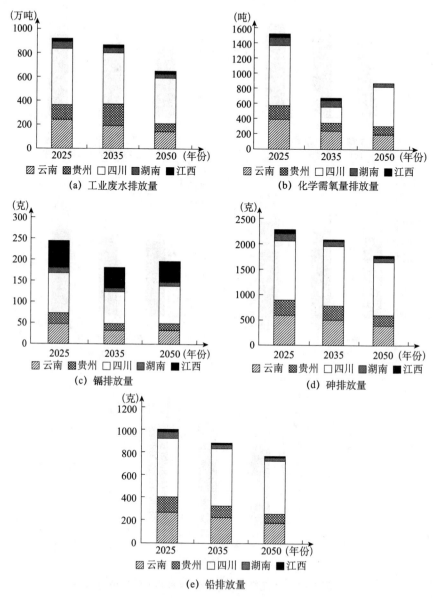

图7-8 长江经济带铅锌矿污染物排放量预测

在钨矿开发过程中，工业废水排放量大幅下降，化学需氧量排放量大幅减少，镉、铅、砷等重金属污染大幅减轻。钨矿作为国家战略性矿产，因限制开采政策使得钨矿在开发过程中对环境造成的污染较小，且随着国家对钨矿的重视，其开采技术将不断提高，而且监管力度逐渐加强，超采得到有效遏制，污染物的排放量将大幅减轻。预计 2025 年、2035 年、2050 年长江经济带的钨矿开采过程中工业废水排放量分别为 55 万吨、20.7 万吨、14.26 万吨（如图 7-9 所示）。

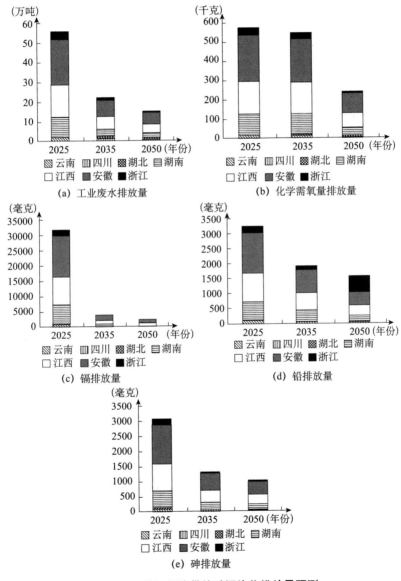

图 7-9　长江经济带钨矿污染物排放量预测

在锡矿开发过程中，工业废水排放量呈现波动趋势，化学需氧量排放量小幅下降，汞、镉、铅、砷等重金属污染呈现波动；其中，镉污染在展望期内将有所增加。预计 2025 年、2035 年、2050 年长江经济带锡矿开采过程中的工业废水排放量分别为 39.9 万吨、34.8 万吨、39 万吨（如图 7 - 10 所示）。

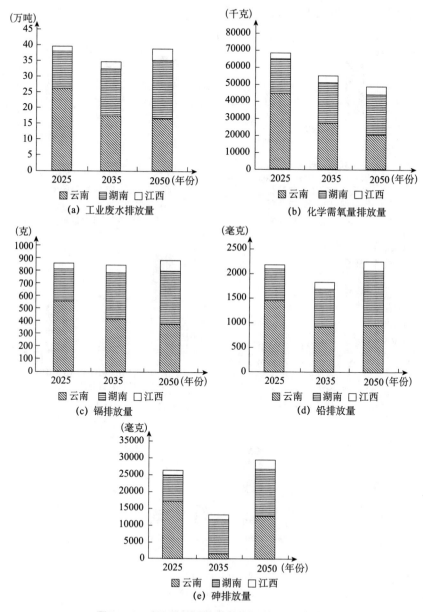

图 7 - 10　长江经济带锡矿污染物排放量预测

在锑矿开发过程中，工业废水排放量呈现小幅下降，汞、镉、铅、砷等重金属污染有所缓解。预计 2025 年、2035 年、2050 年长江经济带钨矿开采过程中的工业废水排放量分别为 143.9 万吨、92.4 万吨、70.75 万吨（如图 7 – 11 所示）。

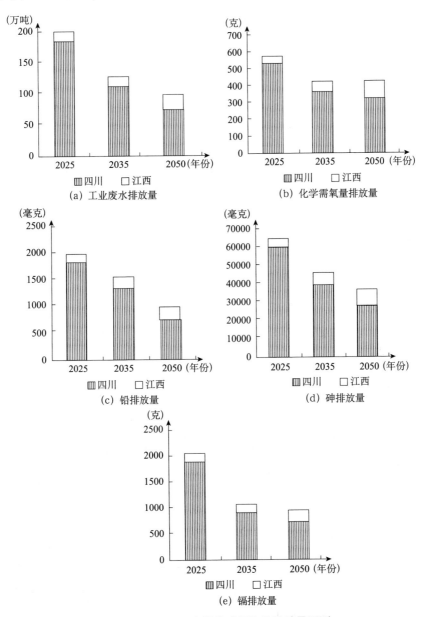

图 7 – 11　长江经济带锑矿污染物排放量预测

第二节　长江经济带矿业城市经济转型发展动态模拟模型构建

一、模型构建

参考刘茂辉等（2023）使用的偏最小二乘法，基于第五章式（5－8）和2012～2021年时期数据及其相关性分析结果，构建水生态环境质量的预测模型如下：

$$\ln I_{it} = 30.648 - 5.495\ln P_{it} - 8.139\ln GDPPC_{it}$$
$$+ 2.748\ln RD_{it} - 1.075\ln ME_{it} + 33.675\ln IS_{it-1} \quad (7-1)$$

二、参数设置

矿业城市转型发展从三个方面进行分析：第一，设置矿产资源开采量的不同情景，通过年矿石产量的变化研究矿业城市的经济发展情况、对水生态环境质量的影响；第二，设置技术进步情景，通过国家政策的支持、加强技术创新等方式顺利实现经济发展方式转变；第三，设置产业结构高级化指数情景，通过对产业结构的调整，加大第三产业的占比，力争实现低污染、高质量的经济转型。

（一）矿产资源开采量情景

"十四五"时期经济社会发展主要目标包括生态文明建设实现新进步，提高矿产资源开发保护水平、发展绿色矿业、建设绿色矿山，推进以电代煤，推动煤炭等化石能源清洁高效利用，推进钢铁、石化、建材等行业绿色化改造。基于各省份2025年、2035年、2050年对能源开采量和金属开采量的预测，根据以往年份各市所占该省份的比重，两者乘积得出矿业城市矿种开采量的预测（见表7－7）。

表7-7　　　　　　　　　　　长江经济带矿业城市矿种开采量预测　　　　　　　　单位：万吨

范围	城市	预测矿种	2025 年			2035 年			2050 年		
			乐观情形	基准情形	消极情形	乐观情形	基准情形	消极情形	乐观情形	基准情形	消极情形
中上游	安顺市	煤炭、铅矿、锌矿、铝土矿、锑矿	1388.28	1461.35	1534.41	1197.80	1260.84	1323.88	1618.06	1703.22	1788.38
	赣州市	钨矿、锡矿等	340.70	358.63	376.56	329.84	347.20	364.56	356.53	375.29	394.06
	宜春市	煤炭、锂矿等	265.89	279.88	293.87	257.41	270.96	284.51	278.24	292.88	307.53
	黄石市	铁矿、铜矿等	328.27	345.55	362.83	267.90	282.00	296.10	323.25	340.26	357.27
	新余市	铁矿、钨矿等	71.92	75.70	79.49	69.63	73.29	76.95	75.26	79.22	83.18
	萍乡市	煤炭、铁矿等	59.64	62.78	65.92	57.74	60.78	63.82	62.41	65.70	68.98
	景德镇市	金矿、钨矿、锡矿等	42.15	44.36	46.58	40.80	42.95	45.10	44.10	46.42	48.75
下游	湖州市	铁矿等	0.14	0.15	0.16	0.11	0.12	0.12	0.08	0.09	0.09
	滁州市	铜矿等	1138.41	1198.33	1258.25	1057.35	1113.00	1168.65	1006.07	1059.02	1111.97
	宿州市	煤炭等	913.74	961.83	1009.92	848.67	893.34	938.01	807.52	850.02	892.52
	淮南市	煤炭等	1917.88	2018.82	2119.76	1781.30	1875.06	1968.82	1694.92	1784.12	1873.33
	宣城市	钨矿、钼矿、铜矿等	1314.19	1383.35	1452.52	1220.60	1284.85	1349.09	1161.41	1222.53	1283.66
	亳州市	煤炭等	200.95	211.53	222.11	186.64	196.47	206.29	177.59	186.94	196.29
	池州市	铅矿、锌矿等	875.61	921.69	967.78	813.26	856.06	898.86	773.82	814.54	855.27
	铜陵市	铜矿等	1839.07	1935.86	2032.65	1708.11	1798.01	1887.91	1625.27	1710.81	1796.35
	淮北市	煤炭、铁矿等	1127.85	1187.21	1246.57	1047.53	1102.67	1157.80	996.73	1049.19	1101.65
	马鞍山市	铁矿等	1459.10	1535.89	1612.69	1355.20	1426.52	1497.85	1289.47	1357.34	1425.21
	徐州市	煤炭、铁矿等	396.41	417.27	438.13	346.86	365.11	383.37	322.08	339.03	355.98

（二）技术进步情景

中国研发经费投入持续增长，"十一五""十二五""十三五"期末投入总量比基期年度分别增加4613亿元、7107亿元、10256亿元，2020年研发经费投入总量达到24426亿元；2021年研发经费投入总量达到28000亿元，比上年增长14.6%；2022年研发经费投入总量达到30870亿元，比上年增长10.4%。"十四五"规划提出，全社会研发经费投入"年均增长7%以上、力争投入强度高于'十三五'时期实际"，按7%的年均实际增速，预计 2025 年研发经费投入总量将达 37582 亿元，2035 年研发经费投入将达 73929.48 亿元（见表 7 - 8）。

表 7 - 8 　　　　长江经济带矿业城市研发投入预测　　　　单位：亿元

范围	城市	2025 年			2035 年			2050 年		
		乐观情形	基准情形	消极情形	乐观情形	基准情形	消极情形	乐观情形	基准情形	消极情形
中上游	安顺市	4.95	4.81	4.66	9.74	9.46	9.17	15.18	14.74	14.29
	赣州市	26.19	25.43	24.67	51.52	50.02	48.52	80.27	77.94	75.60
	宜春市	63.43	61.58	59.74	124.77	121.13	117.50	194.39	188.72	183.06
	黄石市	41.90	40.68	39.46	84.71	82.24	77.62	128.42	124.68	120.94
	新余市	29.35	28.49	27.64	57.73	56.04	54.36	89.94	87.32	84.7
	萍乡市	39.20	38.06	36.92	77.11	74.87	72.62	120.14	116.64	113.14
	景德镇市	24.43	23.72	23.01	48.05	46.65	45.25	74.87	72.69	70.51
下游	湖州市	2.08	2.02	1.96	4.09	3.98	3.86	6.38	6.19	6.01
	滁州市	41.16	39.97	38.77	80.97	78.61	76.25	126.15	122.48	118.8
	宿州市	10.51	10.20	9.89	20.66	20.06	19.46	32.20	31.26	30.32
	淮南市	15.65	15.19	14.74	30.78	29.88	28.99	47.95	46.56	45.16
	宣城市	29.15	28.30	27.45	57.34	55.67	54.00	89.33	86.73	84.12
	亳州市	4.59	4.45	4.32	9.02	8.76	8.49	14.05	13.64	13.23
	池州市	2.08	2.01	1.95	4.08	3.96	3.84	6.36	6.17	5.99
	铜陵市	43.06	41.81	40.56	84.71	82.24	79.77	131.97	128.13	124.29
	淮北市	20.58	19.98	19.38	40.47	39.29	38.11	63.05	61.22	59.38
	马鞍山市	5.90	5.73	5.56	11.60	11.27	10.93	18.08	17.55	17.02
	徐州市	223.98	217.46	210.93	440.57	427.74	414.90	686.41	666.41	646.42
	宿迁市	67.91	65.93	63.95	133.58	129.69	125.80	208.11	202.05	195.99

（三）产业结构高级化指数情景

"十四五"时期我国服务业仍将保持较快增速，增加值年均增长 7.0% 左右，到 2025 年占比可能达到 57%，就业人数达到 4.15 亿，占比达到 54%。"十四五"规划首次提出"保持制造业比重基本稳定"，2020 年制造业在 GDP 的比重为 26.29%，较 2015 年下降 5.1 个百分点（见表 7 - 9）。

"十四五"时期制造业比重将改变下降趋势，对服务业占比或不作要求。

表 7－9 长江经济带矿业城市产业结构高级化指数

范围	城市	2025 年			2035 年			2050 年		
		乐观情形	基准情形	消极情形	乐观情形	基准情形	消极情形	乐观情形	基准情形	消极情形
中上游	安顺市	7.01	6.81	6.60	7.71	7.49	7.26	9.26	8.99	8.72
	赣州市	6.82	6.62	6.42	7.50	7.28	7.07	9.00	8.74	8.48
	宜春市	6.72	6.52	6.33	7.39	7.18	6.96	8.87	8.61	8.35
	黄石市	7.02	6.81	6.61	7.72	7.50	7.27	9.27	9.00	8.73
	新余市	7.18	6.97	6.76	7.90	7.67	7.44	9.48	9.20	8.92
	萍乡市	7.10	6.90	6.69	7.81	7.59	7.36	9.38	9.10	8.83
	景德镇市	7.07	6.87	6.66	7.78	7.55	7.33	9.34	9.07	8.79
下游	湖州市	7.32	7.11	6.90	8.05	7.82	7.59	9.67	9.38	9.10
	滁州市	6.62	6.43	6.24	7.29	7.07	6.86	8.74	8.49	8.23
	宿州市	6.68	6.48	6.29	7.35	7.13	6.92	8.82	8.56	8.30
	淮南市	6.97	6.77	6.56	7.67	7.44	7.22	9.20	8.93	8.66
	宣城市	6.95	6.75	6.54	7.64	7.42	7.20	9.17	8.91	8.64
	亳州市	6.70	6.51	6.31	7.37	7.16	6.94	8.85	8.59	8.33
	池州市	6.83	6.63	6.43	7.51	7.29	7.07	9.02	8.75	8.49
	铜陵市	7.10	6.89	6.69	7.81	7.58	7.36	9.37	9.10	8.83
	淮北市	7.02	6.82	6.61	7.73	7.50	7.28	9.27	9.00	8.73
	马鞍山市	7.17	6.96	6.75	7.88	7.65	7.42	9.46	9.18	8.91
	徐州市	7.23	7.01	6.80	7.95	7.72	7.48	9.54	9.26	8.98
	宿迁市	6.90	6.70	6.49	7.59	7.36	7.14	9.10	8.84	8.57

第三节　长江经济带矿业城市经济转型发展动态模拟分析

据《中国城市统计年鉴》《中国环境统计年鉴》的数据，以及对于相关参数的预测，得出石油、天然气、页岩气等资源的开采量呈现增长趋势，而污染较为严重的煤炭资源开采量呈现下降趋势。"十四五"规划提到，坚持节能优先方针，提高矿产资源开发保护水平，发展绿色矿业，建设绿色矿山。深入推进矿山、建筑施工、特种设备等重点领域安全整治，推进企业安全生产标准化建设，加强工业园区等重点区域安全管理。

同时，研发投入对企业技术进步起关键作用，国家为鼓励企业积极创新，为推动高科技的发展，实施了更大力度的研发费用加计扣除、高新技术企业税收优惠等普惠性政策。此外，还支持多企业联合共享技术平台，以解决跨行业跨领域关键共性技术问题。

统筹兼顾经济、生活、生态、安全等多元需要，转变城市开发建设方式，加强城市治理中的风险防控，有序疏解中心城区一般性制造业、区域性物流基地、专业市场等功能和设施，以及过度集中的医疗和高等教育等公共服务资源，合理降低开发强度和人口密度。增强全球资源配置、科技创新策源、高端产业引领功能，率先形成以现代服务业为主体、先进制造业为支撑的产业结构。

在完全放开生育政策的支持下，中国人口峰值将推迟在2030年达到14.58亿人，人口规模会呈现出先上升后下降的趋势（刘庆和刘秀丽，2018）。中国经济仍在发展，GDP逐年升高，配合上人口规模的变化，未来人均GDP会呈现由不变至增长的趋势。本书中假设人口规模和人均GDP不变，基于第六章第二节的模型构建和已有年份的水生态环境质量指数，本节预测矿产资源开采量、研发投入、产业结构高级化指数对水生态环境质量的影响。

不同矿业城市之间的水生态环境质量指数均有提高，但城市之间指数差异仍存在（见表7-10）。以马鞍山市和赣州市为例，马鞍山市在基准情形下2025年水生态环境质量指数为44.37，而相同条件下赣州市的水生态环境质量指数为59.77，差异达到15.4（如图7-12~图7-15所示）。还能看出不同省份之间在提升水生态环境质量指数上有差异，总体而言，江西省的水生态环境质量指数要高于长江经济带其他省份的矿业城市。

表 7 - 10　　　　　　　　　矿业城市水生态环境质量指数变化

指标	城市	2025 年			2035 年			2050 年		
		乐观情形	基准情形	消极情形	乐观情形	基准情形	消极情形	乐观情形	基准情形	消极情形
水生态环境质量指数	湖州市	50.39	49.24	48.06	56.10	54.93	53.82	63.81	62.60	61.49
	徐州市	49.61	48.47	47.31	55.18	54.05	52.89	62.63	61.50	60.33
	宣城市	50.24	49.11	47.95	55.75	54.62	53.45	63.17	62.04	60.87
	池州市	45.63	44.50	43.34	51.15	50.02	48.86	58.57	57.44	56.28
	宿州市	46.59	45.46	44.30	52.12	50.98	49.82	59.54	58.40	57.24
	淮北市	52.57	51.44	50.28	58.11	56.97	55.81	65.53	64.39	63.23
	亳州市	46.34	45.20	44.04	51.86	50.73	49.56	59.28	58.15	56.99
	淮南市	49.83	48.69	47.53	55.36	54.23	53.07	62.78	61.65	60.49
	滁州市	45.92	44.79	43.63	51.43	50.30	49.13	58.85	57.72	56.56
	马鞍山	44.35	43.21	42.05	49.82	48.69	47.53	57.25	56.11	54.95
	铜陵市	53.11	51.97	50.81	58.65	57.52	56.36	66.07	64.94	63.78
	黄石市	52.98	51.84	50.68	58.64	57.50	56.34	65.80	64.67	63.51
	赣州市	59.73	58.60	57.43	65.21	64.08	62.92	72.49	71.36	70.20
	景德镇市	57.50	56.37	55.21	63.00	61.87	60.70	70.28	69.15	67.99
	新余市	57.16	56.03	54.87	62.62	61.49	60.32	69.90	68.77	67.61
	萍乡市	58.98	57.85	56.69	64.46	63.33	62.16	71.74	70.61	69.45
	宜春市	48.11	46.98	45.82	53.57	52.43	51.27	60.85	59.72	58.55
	安顺市	50.54	49.41	48.25	56.16	55.03	53.87	63.21	62.07	60.91

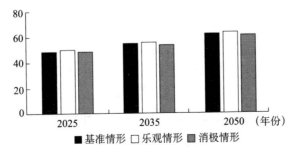

图 7 - 12　湖州市水生态环境质量指数预测

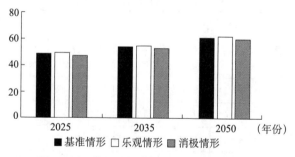

图 7 - 13　徐州市水生态环境质量指数预测

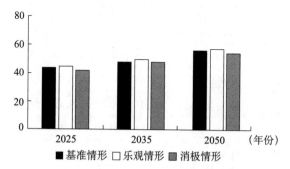

图 7 - 14　马鞍山市水生态环境质量指数预测

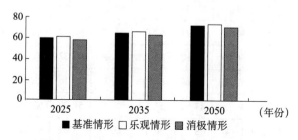

图 7 - 15　赣州市水生态环境质量指数预测

　　在三种情形下，水生态环境质量指数均呈现增长趋势，但乐观情形下的水生态环境质量指数要高于基准情形和消极情形，对水生态环境的保护更有利（如图 7 - 16 ~ 图 7 - 18 所示）。此外，不同省市之间因矿产资源开发种类的不同，在改善前后会有很大差异，结合表 7 - 10，就亳州市、宿州市和萍乡市进行对比，同样都有煤炭资源，但水生态环境质量指数方面有很大的不同。由此得出，煤炭资源的开采量的降低，会大幅提升水生态环境质量指数。

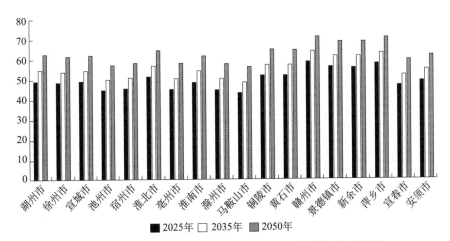

图7-16 基准情形矿业城市水生态环境质量指数情形预测

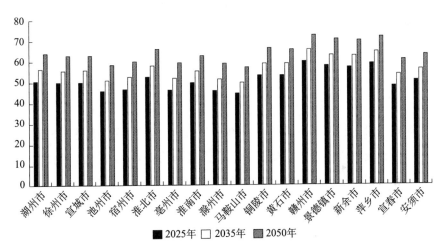

图7-17 乐观情形矿业城市水生态环境质量指数情形预测

总体而言，预计水生态环境质量逐步提升，但在不同情形下，水生态环境质量提升的幅度有差异化。由前文可知，水生态环境质量与矿产资源开采量呈负相关，与研发投入和产业结构高级化指数呈正相关。由此可见，未来对矿产资源的开采量逐步降低，对研发投入和技术密集型产业的重视程度加大，这有助于生态环境的提升，有助于水生态环境质量的提升，对我国经济转型发展有着重要作用。

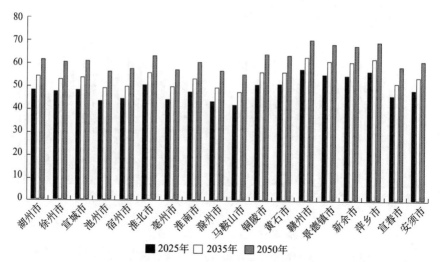

图 7 – 18　消极情形矿业城市水生态环境质量指数情形预测

第四节　本章小结

本章先对于长江经济带矿产资源开发的水生态环境影响进行预测，从能源资源、金属资源、非金属资源三个维度分析，对长江经济带流域各省（直辖市）2025 年、2035 年、2050 年的产量进行预测，并借此发现矿产资源开发过程中的水生态环境问题。接下来，构建了长江经济带矿业城市经济转型发展动态模拟模型，进行参数设置、情景设置。最后，根据所构建的动态模拟模型进行不同情景下的分析，为经济转型发展和水生态环境质量提升提供借鉴意义。

第八章 长江经济带矿业城市经济转型发展的微观探索

企业高质量发展对矿业城市经济转型至关重要。本章从企业微观层面,探讨数字化转型、ESG表现对长江经济带矿业城市经济转型发展的影响,为长江经济带矿业城市经济转型发展的企业发力点提供参考。

第一节 理论分析与研究假设

一、企业数字化转型与矿业城市的经济转型

党的二十大报告中指出,"加快发展数字经济,促进数字经济和实体经济深度融合"。《中国数字经济发展报告(2023)》显示,2022年中国数字经济规模达到50.2万亿元,占国内生产总值(GDP)的41.5%,比上年增长10.3%。在此背景下,数字化转型对矿业企业高质量发展的研究已成为当前学术界的热点(Okhrimenko et al.,2019)。

随着全球新一轮技术革命和产业变革浪潮的深入推进,数字技术和其他数字化工具为社会的可持续发展和产业的快速扩张开辟了道路(Alojail and Khan,2023)。数字化转型已成为推动各行业,特别是矿业城市经济转型的重要因素。长江经济带作为中国经济发展的重要区域,其矿业城市面临着数字化转型带来的机遇与挑战,越来越多的学者开始关注这一领域的研究。

尽管国内外关于数字化转型对经济影响的研究已取得一定成果,但该研究仍处于初步探索阶段。目前企业数字化转型的研究基本分为两类:一

类是探讨企业数字化转型的影响因素。另一类是企业数字化转型的影响效应。矿业企业通过数字化转型，优化生产流程和资源配置，利用大数据和人工智能技术，能够实时监控生产过程，提前预测设备故障，从而降低停机时间，促进了矿业企业的效率提升（Adomako and Tran，2022）。莫塔耶娃等（Mottaeva et al.，2024）认为，数字化转型有助于推动矿业企业的可持续发展。数字技术能够优化资源的使用，减少对环境的影响。通过智能化管理，企业可以有效监控排放和资源消耗，从而实现绿色开采。此外，数字化还能够提高矿产资源的回收率，降低环境风险。此外，数字技术显著改变了传统商业模式（Sibanda et al.，2020），大大降低了不同主体间的信息不对称（Hao et al.，2022；Ren et al.，2022），为矿业城市的经济转型提供了新的管理手段。其次，先进的数字技术可以促进矿产资源企业实施智能管理，有效降低要素投入扭曲和错配的程度，提高资源配置效率（Wang et al.，2022；Kunkelet and Matthess，2020）。赵等（Zhao et al.，2023）还强调了其对资源型企业高质量发展的促进作用。然而，矿业城市在实施数字化转型过程中仍面临技术和人才的挑战。

为了有效应对这些挑战，企业必须在技术投资和人力资源培养方面加大力度，以确保数字化转型的成功。通过以上分析，我们认为数字化转型通过优化企业运营模式、缓解信息不对称、提升企业创新能力、促进资源配置效率等方式，实现矿业城市的经济转型。基于此，本书提出以下假设。

H1：企业数字化转型有助于实现矿业城市的经济转型。

二、企业的 ESG 表现与矿业城市的经济转型

企业积极承担 ESG 责任有多方面影响，关于 ESG 表现的研究，吴红军（2014）认为，ESG 披露有助于减少信息不对称，提高信息披露的质量和透明度。林等（Lin et al.，2022）认为，较好的 ESG 表现能够降低企业的融资风险、缓解融资约束、吸引更多投资。而充足的资金将激发企业的创新能力，助力企业持续进行技术研发和产品升级，以提高生产效率和资源配置效率，进而促进全要素生产率的提升（周亚虹等，2012）。此外，ESG表现优异的企业通过向社会传递绿色价值观和责任理念，以优化人力资本

结构，完善公司内部治理体系，从而有助于传递积极信号，提升生产效率和运营效率，提升企业的社会声誉，塑造良好形象。研究表明，ESG 评分较高的企业通常表现出更好的财务绩效和市场表现，以及更先进的技术水平，能够提高企业声誉，吸引投资者，并赢得消费者和公众的信任。

在矿业城市的经济转型过程中，企业的 ESG 表现被视为推动可持续发展的关键因素。学者们研究发现，良好的环境管理能够显著减少矿业活动对生态环境的影响，尤其是通过采用可再生能源和智能化管理技术，企业不仅提升了资源利用效率，还降低了环境风险（Shavina and Prokofev，2020）。此外，积极的社会责任实践，如促进当地社区发展和提高员工福利，有助于增强企业与社会的信任，推动地方经济的多元化（Kumar et al.，2022）。在公司治理方面，透明的决策过程和负责任的管理实践提高了企业的信誉，从而将吸引更多的投资（Achim et al.，2023）。综上所述，企业通过积极的 ESG 表现，不仅能实现自身的可持续发展，还能有效促进矿业城市的经济转型。基于此，本书提出以下假设。

H2：企业的 ESG 表现有助于实现矿业城市的经济转型。

第二节　研究设计

一、模型设计

为检验数字化转型对矿业城市经济转型的影响，本书构建如下形式的基准回归模型：

$$TFP_{it} = \alpha_0 + \alpha_1 Digit + \alpha_2 \sum Control_{it} + Industry_i + Year_t + \varepsilon_{it}$$

$$(8-1)$$

其中，TFP_{it} 为被解释变量：企业全要素生产率。$Digit$ 为解释变量：数字经济。$Control_{it}$ 包含一系列控制变量。$Industry_i$ 为行业固定效应。$Year_t$ 为时间固定效应。ε_{it} 为误差项。在模型中，α_0 表示常数项，α_1 和 α_2 表示待估计系数，其中 α_1 为核心系数。

为检验 ESG 表现对矿业城市经济转型的影响，本书构建如下形式的基准回归模型：

$$TFP_{it} = \beta_0 + \beta_1 ESG + \beta_2 \sum Control_{it} + Industry_i + Year_t + \varepsilon_{it}$$

$$(8-2)$$

其中，ESG_{it} 为企业 ESG 表现，其余变量设定与式（8-1）相同。在模型中，β_0 表示常数项，β_1、β_2 为待估计系数，其中 β_1 为核心系数。

二、变量说明及指标测度

（一）被解释变量：全要素生产率

企业高质量发展涵盖各个方面，包括经济因素、人力资本、环境保护、创新能力、社会责任等，本书选取企业全要素生产率（TFP）作为被解释变量，对矿业城市的经济转型发展进行衡量。企业全要素生产率是反映在一定要素投入条件下所取得的附加生产效率的综合生产率，是评价企业生产效率的客观指标。关于企业全要素生产率计算，常见的有 OLS、FE、OP、LP、GMM 等方法，本书参考现有文献（杨汝岱，2015；宋敏等，2021），采用 OP 法（optimal programming）、LP 法（linear programming）计算企业全要素生产率，并将 OLS 法、FE 法测算的全要素生产率结果用于稳健性检验。本书使用企业年报数据，并剔除金融行业、IPO 当年及以前的数据。总产出 Y 为营业收入，K 为资本投入，L 为劳动力投入；M 为中间投入；I 为购建固定资产无形资产和其他长期资产支付的现金。

（二）解释变量：数字化转型

企业数字化转型被视为新时代下企业高质量发展的重大战略，它不仅是简单的资料数据数字化，更是借助前沿数字科学技术与硬件系统来推动企业生产资料与生产过程的数字化，以达到提质增效的目标。首先，构建企业数字化术语词典，本书基于国家政策语义体系，检索中央人民政府及工业和信息化部网站的数字经济相关政策文件。从国家层面的数字经济政策文件中，筛选出 2010～2022 年频次大于等于 5 次的企业数字化相关词汇。其次，使用 Python 收集整理相应企业的年度报告，并利用文本分析法检索报告中有关"管理层讨论与分析（MD&A）"部分，再使用 Python 中"Jieba"功能，对 MD&A 部分的文本内容进行分词处理。最后，构建企业数字化转型的特征词库，依照公司年报，计算公司相关文件中数字化关键词的词频。考虑到这类数据的右偏问题，本书将最终加总词频加 1 之后取自然对数。DCG 越高，企业数字化转型程度越高。

本书参考吴非（2021）、袁淳（2021）等的做法，提取出的企业数字化转型关键词见表 8-1。

表 8-1 企业数字化转型关键词

指标分类	指标名称
人工智能	人工智能、商业智能、图像理解、投资决策辅助、智能数据分析、智能机器人、语义搜索、自动驾驶、机器学习、深度学习、人脸识别、自然语言处理等
区块链	区块链、数字货币、分布式计算、差分隐私技术、去中心化、智能合约、共识机制
云计算	云计算、流计算、图计算、内存计算、多方安全计算、类脑计算、绿色计算、认知计算、融合框架、亿级并发
大数据	大数据、数据挖掘、文本挖掘、数据可视化、异构数据、征信、增强现实、混合现实、虚拟现实
数字技术应用	移动互联网、工业互联网、移动互联、互联网医疗、电子商务、移动支付、第三方支付、NFC 支付、智能能源、B2B、B2C、C2C、O2O、网联、智能穿戴、智慧农业、智能交通、智能医疗、智能家居、智能投顾、智能文旅、智能环保、智能电网、智能营销、数字营销、无人零售、互联网金融、Fintech、金融科技、量化金融、开放银行

（三）中介变量：ESG 表现

随着我国环保理念的增强，ESG 逐渐在政策上受到重视，越来越多的第三方机构开始对企业披露的 ESG 信息进行评级评价，如商道融绿、华证、彭博等。衡量企业 ESG 表现的机构有很多，但大部分评级的跨度都无法满足本书样本实证分析的需要。华证 ESG 评级体系充分借鉴了国际主流 ESG 体系的发展经验，并结合国内信息披露情况与公司特点，自上而下构建了三级指标体系，能够覆盖全部 A 股上市公司。因此，本书借鉴席龙胜等（2022）的做法，选取华证 ESG 评级指标作为本书的核心解释变量。共有 AAA – C 九档评级，将 AAA – C 取值 1 ~ 9 分作为企业 ESG 表现。分数越高表明企业的 ESG 表现越好，分数越低表明企业在环境、社会和治理方面存在问题。

（四）控制变量

本书选取资产负债率（DAR）、市值账面比（PER）、资产报酬率（ROA）、企业年龄（AGE）、董事会规模（BOARD）、独立董事比例（IND-DIR）、董事长与总经理两职合一（Dual）、管理层持股（MO）作为控制变量。具体变量说明见表 8 – 2。

表 8 – 2　　　　　　　　　变量描述性分析结果

变量	Mean	SD	Min	Median	Max
TFP_LP	8.472	1.15	4.99	8.465	12.32
DCG	0.977	1.055	0	0.693	4.19
ESG	72.527	5.741	0	0.694	4.19
DUAL	0.227	0.42	0	0	1
MO	6.962	14.79	0	0.041	74.83
BOARD	8.714	1.531	3	9	14
INDDIR	37.202	5.137	25	36.36	66.67
ROA	0.05	0.084	– 0.76	0.045	0.393
DAR	0.458	0.195	0.048	0.448	1.618
AGE	13.675	6.59	1	13	29
PBR	5.107	16.691	– 84.82	3.168	257.607

三、数据说明与描述性统计

以 2013 ~ 2022 年沪深 A 股上市公司为研究对象，剔除金融类上市公司、ST 和 ST* 类公司；剔除关键变量或控制变量存在数据缺失的公司；此外，本书将企业数据与城市层面的数据做匹配，并再次剔除缺失值。最终，本书得到 70 家公司 2012 ~ 2022 年的非平衡面板数据，共计 690 个观测值。本书企业环境、社会、治理表现来自华证 ESG 评级情况，其他样本数据均来自国泰安数据库（CSMAR）、企业年报、《中国统计年鉴》，对少量缺失值数据采用插值法处理。各变量的描述性统计结果见表8-2。

第三节　矿业城市转型发展影响因素分析

一、数字化转型对矿业城市转型发展影响的回归分析

表8-3报告了数字化转型对矿业城市转型发展影响的检验结果。列（1）和列（2）展示了仅加入核心解释变量后的回归结果，结果表明，数字化转型对矿业城市转型发展的影响显著为正，说明企业在实施数字化转型后，能够有效推动城市经济结构的优化与升级。进一步在列（3）和列（4）中加入了控制变量，回归结果依然显示，数字化转型在1%的置信水平上显著促进了矿业城市的经济转型，强调了其重要性。从控制变量的分析来看，企业的资产报酬率、规模、资产负债率等指标都对经济转型产生了正向影响。具体而言，资产报酬率高的企业通常表现出更强的盈利能力，规模较大的企业则具备更强的市场竞争力和资源整合能力，从而提升了全要素生产率，进一步推动了经济转型的进程，验证了假设H1。

表8-3　　数字化转型对矿业城市转型发展影响的实证结果

变量	(1) tfp_op	(2) tfp_lp	(3) tfp_op	(4) tfp_lp
dcg	0.331 *** (9.86)	0.374 *** (9.57)	0.187 *** (5.88)	0.202 *** (5.76)
DUAL			0.150 * (1.93)	0.141 (1.63)
MO			-0.002 (-0.99)	-0.003 (-1.10)
BOARD			0.056 ** (2.39)	0.076 *** (2.92)
INDDIR			0.003 (0.35)	0.008 (1.06)

续表

变量	(1) tfp_op	(2) tfp_lp	(3) tfp_op	(4) tfp_lp
ROA			4. 979 ***	6. 223 ***
			(12. 34)	(13. 95)
DAR			1. 786 ***	2. 537 ***
			(9. 48)	(12. 17)
AGE			0. 028 ***	0. 027 ***
			(4. 48)	(3. 93)
PBR			− 0. 008 ***	− 0. 012 ***
			(− 4. 01)	(− 5. 55)
Constant	6. 451 ***	8. 106 ***	4. 584 ***	5. 508 ***
	(133. 73)	(144. 40)	(11. 17)	(12. 14)
Observations	689	689	669	669
R^2	0. 124	0. 118	0. 386	0. 438
VARIABLES				

注：*** p < 0.01，** p < 0.05，* p < 0.1；括号内为 t 值。

二、ESG 表现对矿业城市转型发展影响的回归分析

表 8 - 4 报告了 ESG 表现对矿业城市转型发展影响的检验结果。列（1）、列（2）为只加入核心解释变量的回归结果，可以发现 ESG 表现对矿业城市转型发展的影响显著为正。列（3）、列（4）为加入控制变量后的回归结果，可以发现数字化转型在 1% 的置信水平上显著促进矿业城市的经济转型，验证了假设 H2。从 E 的维度看，企业在资源管理和环境保护方面的努力，显著影响了城市的可持续发展；采取积极环保措施的企业能够减少生态破坏，提升当地的生态环境质量，从而吸引更多的投资。从 S 的维度看，企业在支持当地社区发展、改善员工福利以及推动社会责任实践方面的努力，不仅增强了企业的品牌形象，还促进了当地的经济活动。例如，矿业企业通过投资教育、基础设施，进而推动了经济的多元化发展。从 G 的维度看，良好的公司治理结构能够提高决策透明度，增强企业的责任感和公众信任，不仅有助于吸引外部投资，也提升了企业在应对

经济转型过程中的韧性。

表 8 − 4　　　　　　ESG 表现对矿业城市转型发展影响的实证结果

变量	(1) tfp_op	(2) tfp_lp	(3) tfp_op	(4) tfp_lp
ESG	0. 040 ***	0. 048 ***	0. 034 ***	0. 042 ***
	(6. 26)	(6. 54)	(5. 97)	(6. 70)
MO			0. 169 **	0. 160 *
			(2. 17)	(1. 88)
BOARD			0. 000	0. 000
			(0. 16)	(0. 04)
INDDIR			0. 039 *	0. 055 **
			(1. 67)	(2. 13)
ROA			− 0. 006	− 0. 001
			(− 0. 79)	(− 0. 16)
DAR			4. 840 ***	6. 001 ***
			(11. 89)	(13. 44)
AGE			2. 087 ***	2. 891 ***
			(10. 96)	(13. 83)
PBR			0. 041 ***	0. 041 ***
			(7. 25)	(6. 61)
MO			− 0. 007 ***	− 0. 010 ***
			(− 3. 44)	(− 4. 88)
Constant	3. 864 ***	4. 956 ***	2. 392 ***	2. 806 ***
	(8. 29)	(9. 19)	(4. 34)	(4. 64)
Observations	689	689	669	669
R^2	0. 054	0. 059	0. 386	0. 447

注：*** $p < 0.01$，** $p < 0.05$，* $p < 0.1$；括号内为 t 值。

三、稳健性检验——替换关键指标

为检验结果的稳健性，表 8 − 5 的列（1）、列（2）改变了企业全要素生产率的衡量方式，用 OLS 法、FE 法来代替 LP 法计算全要素生产率。检验结果表明回归系数的正负和显著性结论并未发生较大程度变化，与上文实证结论基本一致,说明企业数字化转型对矿业城市转型发展影响的促进作用是显著的。

表 8 – 5　　　　数字化转型对矿业城市转型发展影响的稳健性检验结果

变量	(1) tfp_ols	(2) tfp_fe	(3) tfp_ols	(4) tfp_fe
dcg	0. 167 ***	0. 169 ***		
	(3. 82)	(3. 67)		
ESG			0. 059 ***	0. 064 ***
			(8. 55)	(8. 72)
MO	0. 140	0. 148	0. 146	0. 155
	(1. 41)	(1. 41)	(1. 53)	(1. 54)
BOARD	− 0. 010 ***	− 0. 010 ***	− 0. 007 **	− 0. 008 **
	(− 3. 06)	(− 3. 09)	(− 2. 35)	(− 2. 42)
INDDIR	0. 202 ***	0. 215 ***	0. 182 ***	0. 194 ***
	(6. 37)	(6. 44)	(5. 98)	(6. 04)
ROA	0. 035 ***	0. 038 ***	0. 026 ***	0. 028 ***
	(3. 85)	(3. 97)	(2. 92)	(3. 03)
DAR	8. 285 ***	8. 746 ***	7. 776 ***	8. 188 ***
	(15. 96)	(15. 98)	(15. 49)	(15. 52)
AGE	3. 724 ***	3. 977 ***	4. 084 ***	4. 359 ***
	(14. 71)	(14. 90)	(16. 74)	(16. 99)
PBR	0. 015 *	0. 014	0. 023 ***	0. 022 **
	(1. 74)	(1. 56)	(2. 72)	(2. 52)
MO	− 0. 016 ***	− 0. 017 ***	− 0. 013 ***	− 0. 014 ***
	(− 6. 68)	(− 6. 86)	(− 5. 62)	(− 5. 79)
Constant	5. 535 ***	5. 941 ***	1. 608 **	1. 739 **
	(9. 38)	(9. 55)	(2. 26)	(2. 32)
Observations	669	669	669	669
R^2	0. 545	0. 545	0. 582	0. 585
Industry FE	YES	YES	YES	YES
Year FE	YES	YES	YES	YES

注: *** $p < 0.01$, ** $p < 0.05$, * $p < 0.1$;括号内为 t 值。

四、异质性检验

（一）产权性质

考虑到我国特殊的制度背景，不同产权性质下的国有企业和民营企业在经营模式上存在诸多差异。表 8 - 6 按照产权性质划分为国有控股企业和非国有控股企业，以便深入分析这两类企业在数字化转型中的表现。列（1）和列（2）展示了非国有控股企业的回归结果，而列（3）和列（4）则展示了国有控股企业的回归结果。实证结果显示，数字化转型对国有控股企业的高质量发展及其 ESG 表现的促进作用明显优于非国有控股企业。这一结果可能与国有控股企业在资源配置、政策支持及市场准入等方面享有的特殊优势有关。具体而言，国有控股企业通常能够获得更多的政策支持和资金投入，这使得它们在推进数字化转型过程中具备更强的能力。此外，国有控股企业的数字化转型往往更注重与国家经济战略的契合，能够更有效地提升企业的整体竞争力和社会责任感。因此，国有控股企业在数字化转型过程中，不仅能够实现自身的高质量发展，也在促进整体 ESG 表现上发挥了更为积极的作用。

表 8 - 6　　　　　　　　　产权异质性检验结果

变量	(1) tfp_lp	(2) tfp_lp	(3) tfp_lp	(4) tfp_lp
ESG		0.044 *** (4.91)		0.044 *** (6.82)
dcg	0.120 ** (2.49)		0.224 *** (4.51)	
MO	0.116 (1.21)	0.085 (0.92)	- 0.022 (- 0.15)	0.080 (0.57)
BOARD	- 0.007 ** (- 2.36)	- 0.005 * (- 1.82)	- 0.051 * (- 1.93)	- 0.040 (- 1.58)
INDDIR	- 0.034 (- 0.87)	- 0.038 (- 0.98)	0.261 *** (7.85)	0.249 *** (7.79)

变量	(1) tfp_lp	(2) tfp_lp	(3) tfp_lp	(4) tfp_lp
ROA	-0.007	-0.013	0.039 ***	0.032 ***
	(-0.65)	(-1.18)	(4.52)	(3.84)
DAR	6.859 ***	6.345 ***	6.082 ***	5.757 ***
	(12.24)	(11.37)	(10.58)	(10.37)
AGE	2.932 ***	3.165 ***	2.793 ***	2.945 ***
	(10.15)	(11.29)	(10.63)	(11.70)
PBR	-0.010	-0.002	0.012	0.016
	(-1.00)	(-0.23)	(1.19)	(1.64)
MO	-0.010 ***	-0.008 ***	-0.047 ***	-0.035 ***
	(-4.62)	(-3.89)	(-5.09)	(-3.84)
Constant	6.690 ***	3.573 ***	2.886 ***	-0.018
	(9.42)	(3.83)	(5.01)	(-0.03)
Observations	353	353	311	311
R^2	0.501	0.527	0.739	0.760
Industry FE	YES	YES	YES	YES
Year FE	YES	YES	YES	YES

注：*** $p < 0.01$，** $p < 0.05$，* $p < 0.1$；括号内为 t 值。

(二) 长江上中下游不同流域

表 8 - 7 分别报告了长江上游地区、中游地区、下游地区，企业进行数字化转型以及 ESG 表现对矿业城市转型发展的影响。报告结果表明，长江上、中、下游不同流域数字化转型对矿业城市转型发展的影响存在差异，对上游地区在 1% 的置信水平上显著为正，对中游地区在 10% 的置信水平上显著为正，但对下游地区的影响效果不显著。其原因主要源于以下几点：上游地区资源丰富，矿业是主要产业，数字化转型能显著提高开采效率，推动经济增长；中游地区产业结构较为多元，矿业比例较小，转型效果不如上游明显；下游地区以加工和服务业为主，对矿业依赖性较低，促进效果相对较小。

表 8 - 7　　　　　　　　长江上中下游不同流域异质性检验结果

变量	下游 tfp_lp	中游 tfp_lp	上游 tfp_lp	下游 tfp_lp	中游 tfp_lp	上游 tfp_lp
dcg	0.045 (1.02)	0.165 * (1.95)	0.288 *** (4.36)			
ESG				0.030 *** (3.54)	0.036 *** (3.03)	0.025 *** (2.67)
MO	0.332 *** (3.07)	0.388 * (1.93)	-0.498 *** (-3.33)	0.310 *** (2.95)	0.528 *** (2.77)	-0.572 *** (-3.70)
BOARD	-0.008 ** (-2.11)	0.013 (1.48)	-0.004 (-1.14)	-0.006 * (-1.67)	0.005 (0.63)	-0.000 (-0.13)
INDDIR	0.176 *** (4.50)	0.107 * (1.73)	0.114 ** (2.53)	0.182 *** (4.74)	0.073 (1.24)	0.136 *** (2.93)
ROA	0.031 *** (2.88)	-0.010 (-0.50)	-0.008 (-0.72)	0.029 *** (2.72)	-0.024 (-1.17)	-0.016 (-1.37)
DAR	7.754 *** (10.17)	4.592 *** (6.19)	3.654 *** (5.58)	7.471 *** (9.94)	4.701 *** (6.49)	3.987 *** (5.90)
AGE	2.132 *** (6.39)	4.627 *** (9.76)	1.251 *** (3.49)	2.128 *** (6.50)	4.762 *** (10.34)	1.906 *** (4.69)
PBR	0.058 *** (4.21)	0.053 *** (4.33)	-0.010 (-0.79)	0.063 *** (4.68)	0.059 *** (4.83)	-0.005 (-0.39)
MO	-0.028 ** (-2.51)	-0.061 *** (-4.80)	-0.006 *** (-3.11)	-0.023 ** (-2.13)	-0.051 *** (-3.89)	-0.005 *** (-2.66)
Constant	3.528 *** (4.96)	4.282 *** (3.29)	7.377 *** (9.52)	1.409 (1.56)	2.514 * (1.75)	5.276 *** (5.17)
Observations	330	156	183	330	156	183
R^2	0.589	0.786	0.718	0.604	0.795	0.697
Industry FE	YES	YES	YES	YES	YES	YES
Year FE	YES	YES	YES	YES	YES	YES

注：*** $p < 0.01$，** $p < 0.05$，* $p < 0.1$；括号内为 t 值。

长江上中下游不同流域企业 ESG 表现对矿业城市转型发展的影响都在 1% 的置信水平上显著为正，但仍有细微差别，表现为下游地区高于中游地区和上游地区。分析原因，下游地区的企业在 ESG 表现方面受到的外部压力更大，更受消费者监督和投资者关注，促使企业积极提升 ESG 表现。并且下游地区的产业链多样化，使得企业更容易整合绿色技术和可持续实践，从而提升整体转型效果。上游地区因资源型产业特性，往往面临较大的环境挑战和治理问题，企业在 ESG 方面的表现相对滞后，影响了其转型发展效果。因此，不同地区的经济结构和外部环境对企业 ESG 表现及其对转型发展的影响产生了细微差别。

第四节　矿业城市转型发展的 ESG 因素进一步分析

"生态兴则文明兴，生态衰则文明衰。"生态文明建设是实现人与自然和谐共生、经济社会和环境协调发展的必要条件。生态文明建设示范区政策是贯彻落实习近平生态文明思想、全面统筹"五位一体"总体布局、推进人与自然和谐共生的示范样本。为了形成可推广的生态文明发展模式，国家发展改革委联合财政部等六部门于 2014 年和 2015 年分两批确定了100 个"国家生态文明先行示范区"。2016 年 1 月 20 日，生态环境部颁布了《国家生态文明建设示范区管理规程（试行）》（以下简称《管理规程》）和《国家生态文明建设示范县、市指标（试行）》方案，为生态文明建设示范区的申请创建、验收命名、监督管理做出了具体的指示。生态环境部于 2017 年 9 月 18 日颁布了《关于命名第一批国家生态文明建设示范市县的公告》，包括北京市延庆区在内的 46 个市县达到了国家生态文明建设示范区的考核要求，生态环境部决定授予其第一批国家生态文明建设示范市县的称号。截至 2023 年底，生态环境部分 7 批共命名了 572 个国家生态文明建设示范区。生态文明示范区政策在促进全面资源节约、加强自然生态环境保护、促进绿色低碳循环发展等方面做出了重要的战略部署，示范区的创建有效改善了生态环境质量，资源循环和生态安全体系初步建立，绿色经济红利不断释放。

环境（environment）、社会（social）和公司治理（governance）（以下简称 ESG）将经济社会发展、环境保护、公司治理和社会责任有机结合，与生态文明建设所倡导的走可持续发展道路、践行绿色发展理念高度契合（向海凌等，2023）。为了在经济社会中充分践行绿色可持续发展观念，将环境、社会、公司治理（ESG）纳入微观经济主体的管理决策显得尤为重要，企业作为经济社会发展中最为活跃的部门之一，提升其环境保护、社会责任和公司治理的表现不仅可以从微观层面提高企业可持续发展的新优势，还可以从宏观层面为经济社会发展注入强大的动力（黄大禹等，2023）。

一、理论分析与研究假设

（一）生态文明建设示范区对企业 ESG 表现的影响

生态文明建设示范区作为一项环境政策可以促进企业践行 ESG 理念。根据《管理规程》中的规定：一方面，生态文明建设示范区被正式授予之后，如果生态文明建设示范区中的企业随意排放污水废气污染环境，不能积极主动承担环境保护义务和履行社会责任，那么相关的生态文明建设示范区会被撤销荣誉称号；另一方面，随着生态文明建设工作的深入开展，生态文明建设示范区成立之后，政府官员的绩效评估和考核升迁会和生态文明示范区建设工作挂钩。基于以上两点，生态文明示范区建设作为一项环境政策会促使企业加大环保投资，践行绿色发展理念。若环境政策制定不严格，企业为了追求利润最大化，往往会降低在环境保护方面的投资。"污染天堂假说"认为企业为了避免较高的环境治理成本，一般更倾向于在环境规制不健全、环境标准较低的国家和地区建厂，因此相关的监管部门应该建立更为健全的、目标明确的环境规章制度，以督促企业加大环保投资，提升企业的环保责任。如唐国平（2013）研究发现，企业环保投入金额往往不足，环保投资行为对企业来说是一种被动的行为，政府的环境管制强度与企业环保投资规模之间呈"U"型关系，因此企业往往不能积极履行环境治理义务。"波特假说"认为，适当的环境规制可以激发企业进行绿色创新，促进企业进行绿色清洁技术的创新与应用，这项创新能力可以大大提高企业的生产能力，从而抵消由环境规制带来的环保成本的提高，并且提高企业的盈利能力，从而提升企业在市场竞争中的地位。

现有文献研究表明，环境政策可以提高企业的 ESG 表现：徐浩庆等（2024）研究发现，环境规制可以显著提高重污染企业的 ESG 表现；陈琪等（2023）以中央环保监察政策为准自然实验，发现该政策可以显著提高企业 ESG 表现；黄大禹等（2023）认为，环境规制能够促使企业进行绿色转型，从而提升企业的 ESG 综合表现；王等（Wang et al.，2023）基于双重差分法模型研究全国资源型城市可持续发展规划对企业 ESG 的作用，研究表明该政策对非国有企业、重污染企业和中部地区的企业 ESG 促进作用更强。基于此，本书提出以下假设。

H3：生态文明建设示范区政策正向促进了上市企业的 ESG 表现。

（二）媒体关注度的调节作用

媒体作为一种超越法律和行政强制的约束和惩罚机制，其监督作用有效增强了企业的社会责任观念。因媒体可以获取企业内部信息并引起社会公众关注，故其已经成为影响企业运营和企业经济发展的重要因素。媒体报道分为正面报道、中性报道和负面报道，而媒体对企业的监督作用主要是通过负面报道引起的（黄辉，2013）。负面报道会对企业形象和销售行为产生负面影响，企业会加大对绿色技术创新的投入以扭转企业形象和声誉（赵莉等，2020）。随着经济发展所带来的环境问题日益凸显和公众环保意识、社会责任意识的不断提高，有关媒体报道和企业 ESG 表现的研究也随之涌现。杨晋华等（2023）认为，网络媒体能够将 ESG 表现良好的企业传递给利益相关者，从而促进企业提高全要素生产效率。陈琪和李梦函（2023）研究发现，媒体关注度可以提高中央环保监察政策对企业 ESG 表现的正向影响。翟胜宝等（2022）以上市 A 股企业为样本，实证检验了媒体关注度和企业 ESG 信息披露质量的关系，机制检验表明了媒体关注通过增强外部监督机制和优化企业内部控制来提高企业 ESG 的信息披露质量。ESG 信息披露能够有效缓解企业融资约束等问题，而媒体监督在 ESG 信息披露与企业融资约束的关系中起到了负向调节作用（李志斌等，2022）。袁业虎等（2021）研究表明：ESG 评分越高，公司绩效水平会越高；媒体关注度高的公司，绩效水平也会更高，媒体关注度在 ESG 促进企业绩效水平的过程中起到了正向调节作用。

媒体关注度不仅可以提高企业 ESG 的信息披露质量，还可以加大生态文明建设示范区中的地方政府对企业环境保护方面的监管力度。首先媒体可以报道企业不良的环境信息披露问题，将企业环境污染问题和环境违规问题公之于众，促使地方政府加强对企业环境保护方面的监管，生态文明建设示范区的地方政府对环境保护尤为重视，因此会加强对企业环境保护的监督和治理，使企业增强环保责任意识，提高企业的 ESG 表现。由此本书提出以下假设。

H4：媒体关注度可以有效增强生态文明建设示范区对企业 ESG 表现的正向影响。

（三）绿色技术创新的中介作用

生态文明建设示范区政策作为一项正式的环境政策，能够提高企业的绿色技术创新水平，从而有助于企业 ESG 表现改善。"波特假说"认为适当的环境规制可以提高企业在绿色环保方面的创新水平，提高企业的清洁技术创新水平和效率技术创新水平，增大企业在绿色环保方面的研发支出投入，企业投入所产生的创新效应能够补偿甚至抵消成本（李井林，2021）。生态文明建设示范区的建设目标之一是提高能源的利用效率，因此示范区政策为了达到目标会促使企业利用大数据和人工智能技术去提高企业的绿色技术创新水平，从而提高企业的生产效率和能源利用效率（Rubashkina et al.，2015），并通过为公众提供安全环保的绿色产品提高企业的环境责任绩效，从而提高企业的 ESG 表现（王珮等，2021）。企业技术创新水平的提高不仅会使企业内外部绿色资源得到更有效的配置，还能进一步提高企业的经济效益，企业为了提高经济效益会积累绿色资本、吸引创新型人才的投入，这些措施都会有助于企业 ESG 表现的提高（黄大禹等，2023）。基于以上分析，提出以下研究假设。

H5：生态文明建设示范区政策能够提高企业绿色技术创新水平从而提高企业 ESG 表现。

二、研究设计与数据说明

（一）数据来源与处理

截至 2021 年底，生态环境部（2018 年 4 月前为环境保护部）分别于 2017 年 9 月 18 日、2018 年 12 月 13 日、2019 年 11 月 14 日、2020 年 10 月 10 日和 2021 年 10 月 20 日先后确定了五批共 362 个国家生态文明建设示范区（包括地级市、区、县和县级市）。考虑到政策设定和实施的时间差，将五批生态文明建设示范区成立的时间依次设定为 2018 年、2019 年、2020 年、2021 年和 2022 年。生态环境部公布的国家生态文明建设示范区主要包括地级市以及地级市辖内的区、县和县级市，由于每个地区生态文明建设的进程不同，因此地级市和地级市辖内的区、县和县级市被授予"生态文明建设示范区"称号的时间也不一致。例如，江苏省无锡市在 2018 年被授予称号，而无锡市辖内的锡山区在 2020 年才被授予称号，生态文明建设示范区成立的时间不一致将导致估计结果不准确。鉴于此，本书以地级市辖内的"区、县和县级市"为实验数据，在样本中剔除掉"地级市"数据，以 2018～2022 年确定的 5 批共 362 个区、县和县级市为实验组，剩下的区、县和县级市为对照组。

本书选取 2012～2022 年我国 A 股上市公司的数据作为实证研究样本，企业 ESG 数据来自万得（Wind）数据库的华证 ESG 评级，所有控制变量均来自国泰安数据库（CSMAR）。A 股上市公司所在注册地（精确到区、县和县级市）的数据来源于 CNRDS 数据库（中国研究数据服务平台）。本书使用 Stata 16 和 Excel 软件对样本进行实证分析，并剔除了金融类企业样本、ST 类样本、PT 类样本、数据严重缺失的样本和数据连续性不足 5 年的样本；对所有的连续性变量进行了上下 1% 水平的缩尾处理，最终得到了 15769 个观测值。

（二）变量设定

1. 被解释变量

企业 ESG 表现（*ESG*）。中证 ESG 评级体系是在 ESG 核心内涵和发展经验的基础上，结合国内市场实际情况构建的。它采用自上而下的方法，由三个主要指标（环境、社会、公司治理）、14 个二级指标、26 个三级指标和 130 多个基础数据指标组成。华证 ESG 评级目前覆盖了所有 A 股上市公司并具有几个关键属性：符合中国资本市场的实情，覆盖范围广，及时性强，这些都能更好地反映中国上市公司的 ESG 状况。目前，华证 ESG 评级数据已被企业界和学术界广泛接受和利用（Lin et al.，2021）。本书借鉴方先明和胡丁（2023）的研究方法，将华证 ESG 评级中的 9 个等级（AAA、AA、A、BBB、BB、B、CCC、CC、C）分别从高到低赋值为 9 到 1，从而构建实证方法中的 ESG 变量。

2. 核心解释变量

生态文明建设示范区政策（*DID*）。本书以中国 A 股上市公司所在的区、县或县级市是否为生态文明建设示范区作为政策分组的虚拟变量（*Treat*），以示范区成立的时间作为时间分组的虚拟变量（*Post*）。示范区成立的时间分别是 2018 年、2019 年、2020 年、2021 年和 2022 年，两项的乘积 *DID* = *Treat* × *Post* 作为本书的核心解释变量，若企业注册地所在的区、县或县级市为生态文明建设示范区且观测时间在政策实施之后，则 *Treat* × *Post* = 1，否则为 0。

3. 调节变量

媒体关注度（*Media*）。媒体关注度指标的选取参照了刘亦文（2023）和温素彬（2017）等的研究，主要涵盖了网络媒体和报刊媒体的报道。现有文献对媒体关注度的度量方式主要通过互联网的新闻搜索引擎来获取相关企业的新闻报道次数。本书利用中国研究数据服务平台中报刊财经新闻量化统计和网络新闻量化统计的媒体报道内容总和来衡量 A 股企业受到的媒体关注度。

4. 中介变量

绿色技术创新（*GT*）。绿色技术创新是指企业在研发过程中实现节能和环保的各项技术创新（刘方媛等，2023）。国内学者一般用绿色研发投入、绿色专利申请总量和绿色专利授权总量来衡量企业绿色技术创新能力。考虑到研发投入和绿色专利从申请到审核的周期较长（张晨，2024），本书采用绿色专利授权总量（包括绿色发明专利授权总量和绿色实用新型专利授权总量）加1的自然对数来衡量企业绿色技术创新能力。

5. 控制变量

为了增强模型构建的合理性，考虑可能影响企业 ESG 绩效的其他因素，借鉴陈晓珊和刘洪铎（2023 年）的研究，本书选取企业规模（*size*）、资产负债率（*lev*）、是否两职合一（*dual*）、董事会的独立性（*pid*）、股权集中度（*top*1）、公司现金流水平（*cash*）、资产收益率（*roa*）、董事会规模（*board*）作为控制变量，同时控制了公司个体（*id*）和年份（*year*）的固定效应。控制变量和其他变量的定义见表8－8。

表 8－8　　　　　　　　　　　主要变量定义

变量类型	变量名称	变量符号	变量定义
解释变量	生态文明建设示范区政策	DID	$DID = Treat \times Post$
被解释变量	企业 ESG 表现	ESG	华证 ESG 评级
调节变量	媒体关注度	Media	报刊和网络媒体报道内容数量总和
中介变量	绿色技术创新	GT	上市公司绿色专利授权数量加1的自然对数
控制变量	企业规模	size	企业总资产的自然对数
	资产负债率	lev	总负债÷总资产
	是否两职合一	dual	若 CEO 与董事长为同一人，则取值为1，否则为0
	董事会的独立性	pid	独立董事人数÷全体董事人数
	股权集中度	top1	第一大股东持股比例
	公司现金流水平	cash	经营活动现金流量净额/总资产
	资产收益率	roa	净利润与平均总资产之比
	董事会规模	board	董事会人数取自然对数

（三）模型设定

1. 基准模型设定

为了检验生态文明建设示范区的政策是否促进了上市公司的 ESG 的表现，将 *ESG* 作为被解释变量，设计如下模型：

$$ESG_{i,t} = \beta_0 + \beta_1 DID_{i,t} + \beta_2 controls_{i,t} + Firm + Year + \varepsilon_{i,t} \quad (8-3)$$

式（8-3）中，$ESG_{i,t}$为被解释变量，表示公司i在t年的ESG绩效，由华证ESG评级数据衡量。核心解释变量$DID_{i,t}$（$DID_{i,t} = Treat \times Post$）是衡量生态文明建设示范区政策的虚拟变量。若A股上市公司注册地所在的区、县或县级市为生态文明建设示范区且观测时间在政策实施之后，则$DID = Treat \times Post = 1$，否则$DID = 0$。$controls_{i,t}$是控制变量组，具体定义见表8-8。$Firm$为个体（企业）固定效应，$Year$为时间（年份）固定效应，$\varepsilon_{i,t}$是误差项。特别地，为充分降低遗漏变量影响，本书控制了时间固定效应和个体固定效应，并在检验中聚类到行业层面调整稳健性标准误。β_0、β_1、β_2为估计参数，我们特别关注β_1的价值，它反映了政策对企业ESG的影响。

2. 调节效应模型设定

为探究媒体关注度可能就生态文明建设示范区对企业ESG表现造成的直接影响和调节效应，本书引入媒体关注度（$Media$）作为调节变量。为了减少多重共线性的问题，本书参考温宗麟（2015）的做法，将自变量（DID）和调节变量（$Media$）进行均值中心化处理（即变量减去样本均值，以下简称中心化），然后再将中心化的自变量DID和调节变量$Media$进行交乘，进行调节效应回归分析，并构建模型如下，调节效应结果见表8-11。

$$ESG_{i,t} = \alpha_0 + \alpha_1 DID_{i,t} + \alpha_2 Media + \alpha_3 Media \times DID_{i,t}$$
$$+ controls_{i,t} + Firm + Year + \varepsilon_{i,t} \qquad (8-4)$$

3. 中介效应模型设定

结合前文理论分析，进一步探究企业绿色技术创新（GT）在其中的影响机制。本书借鉴温忠麟（2014）对中介效应的逐步检验法，在式（8-3）的基础上构建如下中介效应模型：

$$GT_{i,t} = \lambda_0 + \lambda_1 DID_{i,t} + \lambda_2 controls_{i,t} + Firm + Year + \varepsilon_{i,t} \qquad (8-5)$$
$$ESG_{i,t} = \gamma_0 + \gamma_1 DID_{i,t} + \gamma_2 GT_{i,t} + \gamma_3 controls_{i,t}$$
$$+ Firm + Year + \varepsilon_{i,t} \qquad (8-6)$$

其中，$GT_{i,t}$为中介变量，其他变量的含义与式（8-3）变量一致。根据温忠麟（2014）的研究结论：若β_1显著，λ_1和γ_2均显著，γ_1显著且γ_1

的系数小于 β_1，则说明存在部分中介效应；若 β_1 显著，λ_1 和 γ_2 也显著，且 γ_1 不显著，则说明存在完全中介效应。若 λ_1 和 γ_2 这两个变量有一个不显著则需要进行 bootstrap 检验。

（四）结果分析

1. 主要变量的描述性统计

表 8-9 给出了整个样本中变量的描述性统计结果。ESG 平均分为 4.195，与前人研究结果一致，标准差为 1.097，说明企业间的差异很大。DID 的平均值为 0.0510，说明样本量是足够的。size 的取值范围为 20.19 ~ 26.67，均值为 22.66，说明样本公司的规模相似。lev 的取值范围为 0.0570 ~ 0.878，均值为 0.449，说明样本企业经营状况良好。top1 的最小值是 7.950，最大值是 74.82，标准差是 15.18，说明各个上市公司的第一大股东持股比例差异较大，样本选择更具有随机性，研究结论更具有代表性。

表 8-9　　　　　　　　　描述性统计

变量名	样本量	平均值	中位数	标准差	最小值	最大值
ESG	15769	4.195	4	1.097	1	8
DID	15769	0.051	00.051	0.220	0	1
size	15769	22.660	22.480	1.364	20.190	26.670
lev	15769	0.449	0.448	0.202	0.057	0.878
dual	15769	0.214	0	0.410	0	1
pid	15769	37.600	36.360	5.494	33.330	57.140
top1	15769	34.390	32.150	15.180	7.950	74.820
cash	15769	0.048	0.046	0.065	-0.139	0.238
board	15769	8.704	9	1.748	5	15
roa	15769	0.037	0.033	0.055	-0.170	0.211

2. 基准回归分析

基准回归结果如表 8-10 所示，回归模型（1）是在控制公司个体和时间固定效应的情况下不加控制变量的高维固定效应回归，为避免行业层面的聚集效应导致结果产生偏差，本书均选用聚类到行业层面的聚类稳健标准误差项进行调整。回归模型（1）中 *DID* 对企业 ESG 的回归系数是 0.104，通过了 5% 的统计显著性检验。回归模型（2）为加入控制变量的基准回归，*DID* 回归系数是 0.135，通过了 1% 的显著性水平检验。上述结果表明假设 H3 成立，生态文明建设示范区政策会显著促进企业积极履行 ESG 责任。这说明宏观政策会影响微观企业的绿色发展，当外部环境支持绿色和可持续发展时，企业也会积极履行 ESG 责任，充分把握环境变化带来的外部机会（Zhang et al.，2021）。

表 8 - 10　　　　　　　　　　　　基准回归结果

变量	（1） ESG	（2） ESG
DID	0. 104 **	0. 135 ***
	（0. 039）	（0. 039）
size		0. 243 ***
		（0. 032）
lev		− 0. 725 ***
		（0. 102）
dual		（0. 039）
		（0. 036）
pid		0. 016 ***
		（0. 003）
*top*1		0. 002
		（0. 002）
cash		− 0. 473 ***
		（0. 127）
board		0. 014
		（0. 010）
roa		1. 287 ***
		（0. 302）
Constant	4. 190 ***	− 1. 819 ***
	（0. 003）	（0. 601）
企业固定效应	控制	控制
时间固定效应	控制	控制

续表

变量	(1) ESG	(2) ESG
Observations	15767	15767
R^2	0.541	0.555

注：括号内数字为标准误；*** 、** 分别表示 1%、5% 的显著性水平。

3. 调节效应分析

表 8 – 11 的结果显示了媒体关注度的调节作用，*DID* 的回归系数是 0.151，在 1% 的水平上显著，而 *DID* × *Media* 的回归系数在 5% 的水平上正向显著。这表明，媒体关注度在生态文明建设示范区政策对企业 ESG 的影响中起到了正向的促进作用，说明实施政策后企业受到网络和报刊媒体的关注度越高，企业在媒体报道的压力下主动践行 ESG 理念的积极性就越高，导致企业的 ESG 表现水平也显著提高了。结果说明假设 H4 成立，媒体关注度对企业的 ESG 表现起到了正向的调节作用。

表 8 – 11 调节效应分析

变量	(1) ESG
DID	0. 151 ***
	(0. 037)
Media	− 3. 27e − 05
	(2. 50e − 05)
DID × *Media*	0. 000108 **
	(4. 80e − 05)
Constant	− 1. 857 ***
	(0. 588)
控制变量	控制
个体固定效应	控制
时间固定效应	控制
Observations	15767
R^2	0. 555

注：括号内数字为标准误；*** 、** 分别表示 1%、5% 的显著性水平。

4. 稳健性检验

（1）平行趋势检验。

平行趋势检验是双重差分模型的重要前提，要求生态文明建设示范区在成立之前实验组和对照组具有相同的变动趋势，为了检验政策实施前处理组和对照组是否满足平行趋势假设，本书借鉴贝克（Beck，2024）的做法，检验事件发生前后生态文明建设示范区的成立对处理组和控制组影响的差异。以政策实施的前一年作为基准年，进行平行趋势检验，结果如图8-1所示，生态文明建设示范区成立前四年，估计系数值均不显著，这表明在生态文明建设示范区成立之前也就是政策发生之前，试点城市（实验组）和非试点城市（对照组）企业的 ESG 表现水平没有显著差异，满足平行趋势检验的条件；生态文明建设示范区成立后的连续三年，政策都产生了显著影响，说明政策对企业的 ESG 表现具有积极的促进作用；政策发生的第四年没有显著的效果，可能是地方政府在获得"生态文明建设示范区"光荣称号之后对待企业的环境污染问题有所松懈，因此，地方政府以后要加大对企业环保投入的监管。总体来说，实验组和对照组符合平行趋势检验。

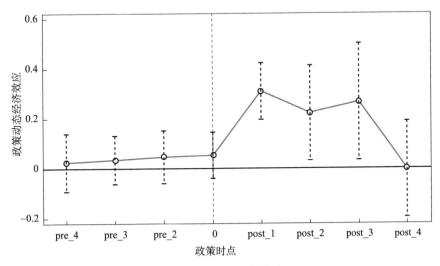

图 8-1　平行趋势检验

（2）安慰剂检验。

利用计算机随机抽取生态文明建设示范区内的 387 家企业，建立虚拟处理组，并对这 387 家企业随机匹配一个虚拟的政策发生时间。这些被选定的企业被指定为实验组，其余企业被指定为对照组。上述随机化过程利用计算机重复 1000 次，结果如图 8 - 2 所示。从图 8 - 2 可以看出，"虚拟的实验组"的 DID 的估计系数在 [- 0.1，0.1] 之间附近，p 值大部分大于 0.1。DID 的实际估计系数为 0.135，与安慰剂试验结果有显著差异。这表明本章中的估计不是基于随机机会，研究结论具有稳健性。

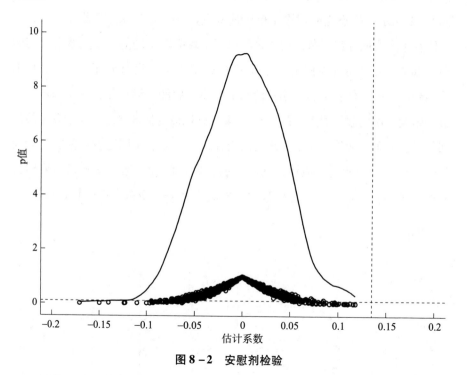

图 8 - 2　安慰剂检验

（3）其他稳健性检验。

①更换被解释变量。以华证 ESG 评级为基础，将 ESG 得分分为三个等级：A、AA、AAA 等级赋值为 3，B、BB、BBB 等级赋值为 2，C、CC、CCC 等级赋值为 1。表 8 - 12 列（1）显示了替换因变量（ESG1）后的回归结果，从结果可以看出在 5% 的水平上，DID 的系数仍然显著为正，表明实证结果是稳健的。

表 8 - 12　　　　　　　　　　稳健性检验回归结果

变量	（1） ESG1	（2） fESG	（3） ESG	（4） ESG
DID	0.058 **	0.241 ***		
	（0.023）	（0.055）		
size	0.087 ***	0.132 ***	0.242 ***	0.242 ***
	（0.013）	（0.028）	（0.032）	（0.032）
lev	- 0.320 ***	- 0.368 ***	- 0.722 ***	- 0.723 ***
	（0.046）	（0.111）	（0.104）	（0.105）
dual	- 0.011	- 0.024	- 0.038	- 0.038
	（0.017）	（0.037）	（0.036）	（0.036）
pid	0.003 ***	0.008 ***	0.016 ***	0.016 ***
	（0.001）	（0.003）	（0.003）	（0.003）
*top*1	0.001	0.000	0.002	0.002
	（0.000）	（0.002）	（0.002）	（0.002）
cash	- 0.148 *	- 0.231	- 0.467 ***	- 0.468 ***
	（0.074）	（0.150）	（0.129）	（0.129）
board	4.95e - 05	0.007	0.014	0.015
	（0.004）	（0.012）	（0.009）	（0.010）
roa	0.426 ***	3.519 ***	1.282 ***	1.284 ***
	（0.127）	（0.227）	（0.305）	（0.304）
DID_4			0.040	
			（0.040）	
DID_3				0.052
				（0.043）
Constant	- 0.228	0.853	- 1.795 ***	- 1.799 ***
	（0.252）	（0.592）	（0.604）	（0.604）
企业固定效应	控制	控制	控制	控制
时间固定效应	控制	控制	控制	控制
Observations	15767	14320	15767	15767
R^2	0.416	0.576	0.555	0.555

注：括号内数字为标准误；*** 、** 、* 分别表示1%、5%、10%的显著性水平。

②将被解释变量滞后一期。考虑到政策实施的效果存在一定的时滞，而企业的 ESG 评级也需要一定的时间，因此将被解释变量 ESG 滞后一期生成新的变量 *fESG*。表 8 – 12 的列（2）显示了因变量（*fESG*）对自变量 *DID* 的回归结果。将 ESG 滞后一期后，*DID* 系数在 1% 的水平上仍然显著为正，*DID* 的系数由 0.135 增长到 0.241，说明生态文明建设示范区政策对企业 ESG 的表现存在滞后的效果，这进一步证实了本章结果的稳健性。

③反事实检验。考虑到可能存在除"生态文明建设示范区"政策和控制变量以外的其他潜在因素对 ESG 表现的影响，本书采用反事实检验的办法来验证政策结果的准确性，将示范区成立的时间分别提前四年和三年，若自变量 *DID* 的系数仍然显著，则说明示范区和非示范区结果的差异源于其他潜在因素。如表 8 – 12 的列（3）和列（4）所示，将"生态文明建设示范区"政策实施时间分别提前四年和三年，*DID_4* 和 *DID_3* 的系数均不显著，说明生态文明建设示范区政策是显著提升企业 ESG 因素的主要原因，再次说明基准回归结果是可靠的。

5. 绿色技术创新中介效应分析

基于上述理论分析，生态文明建设示范区主要通过提高企业的绿色技术创新水平来提高企业的 ESG 水平，结合中介效应模型，对式（8 – 5）和式（8 – 6）进行回归，结果见表 8 – 13。

表 8 – 13　　　　　　　　　　　中介效应分析

变量	(1) ESG	(2) GT	(3) ESG
DID	0.135 ***	− 0.004	0.135 ***
	(0.039)	(0.030)	(0.039)
GT			0.046 ***
			(0.013)
size	0.243 ***	0.300 ***	0.229 ***
	(0.032)	(0.053)	(0.032)
lev	− 0.725 ***	− 0.053	− 0.722 ***
	(0.102)	(0.096)	(0.102)

变量	(1) ESG	(2) GT	(3) ESG
dual	− 0. 039	− 0. 056 **	− 0. 036
	(0. 036)	(0. 022)	(0. 036)
pid	0. 016 ***	0. 002	0. 016 ***
	(0. 003)	(0. 003)	(0. 003)
*top*1	0. 002	− 0. 001	0. 003
	(0. 002)	(0. 002)	(0. 002)
cash	− 0. 473 ***	0. 099	− 0. 478 ***
	(0. 127)	(0. 149)	(0. 126)
board	0. 014	− 0. 013	0. 015
	(0. 010)	(0. 014)	(0. 010)
roa	1. 287 ***	− 0. 078	1. 291 ***
	(0. 302)	(0. 224)	(0. 297)
Constant	− 1. 819 ***	− 5. 896 ***	− 1. 547 **
	(0. 601)	(1. 135)	(0. 617)
个体固定效应	控制	控制	控制
时间固定效应	控制	控制	控制
Observations	15767	15767	15767
R^2	0. 555	0. 762	0. 555

注：括号内数字为标准误；*** 、** 分别表示1%、5%的显著性水平。

表 8 – 13 中列（2）是自变量 *DID* 对企业技术创新 GT 的回归结果，可以看出 *DID* 对 GT 的回归系数 λ_1 并不显著，则需要用到 bootstrap 检验，结果见表 8 – 14。

表 8 – 14　　　　　　　　　　　　**bootstrap 检验**

变量	(1) ESG
*_bs_*1	0. 017 ***
	(0. 003)
*_bs_*2	0. 086 **
	(0. 034)
Observations	15769

注：括号内数字为标准误；*** 、** 分别表示1%、5%的显著性水平。

从表 8-14 可以看出 _bs_1 的置信区间不包括 0，即中介效应是存在的，_bs_1 表示的是间接效应也就是中介效应，系数为 0.017，说明中介效应是 $\lambda_1 \times \gamma_2 = 0.017$，在 1% 的显著水平上显著；_bs_2 的置信区间也不包括 0，说明存在直接效应，_bs_2 表示的是自变量 DID 对因变量 ESG 的直接效应，系数为 0.086，说明直接效应 $\gamma_1 = 0.086$，在 5% 水平上显著。以上结果表明总效应 $\beta_1 = 0.135$，中介效应占比为 12.6%，直接效应占比为 63.7%。因此可以得出结论：企业绿色技术创新 GT 在生态文明建设示范区政策促进企业 ESG 中起到了中介作用，假设 H5 成立。

6. 产权性质异质性分析

产权异质性采用虚拟变量 SOE 来区分国有企业和非国有企业，分别赋值为 1 和 0。回归结果见表 8-15，列（1）是国有企业的回归结果，DID 的系数是 0.110，在 5% 的水平上正向显著；列（2）是非国有企业样本的回归结果，DID 系数为 0.168，在 1% 的水平上显著。这说明生态文明建设示范区政策对国有企业和非国有企业的 ESG 表现水平均有正向显著作用，但是示范区政策对非国有企业的 ESG 水平促进作用更强。这种差异是因为政府对国有企业管理活动的监管所导致的，国有企业的 ESG 责任更容易被视为一种监管行为，国有企业的高管往往更重视短期利益而忽略长期利益，这将导致国有企业主动承担 ESG 责任的动力不足。非国有企业往往存在融资困难、合法性不足等先天的劣势，为了降低成本和获得对关键资源的掌控，非国有企业往往表现出更高的风险承担能力，因此它们积极主动承担企业 ESG 责任（Shahab et al.，2019）。此外，非国有企业有更加灵活的组织机构和决策机构（Tang et al.，2024），为了弥补所有权差异带来的资源劣势，非国有企业将积极主动承担 ESG 责任，以获得投资者信任（Lins et al.，2015）和提高企业声誉（Camilleri，2014）。

表 8 – 15　　　　　　　　产权异质性和行业异质性分析

变量	（1） 国有企业 ESG	（2） 非国有企业 ESG	（3） 重污染企业 ESG	（4） 非重污染企业 ESG
DID	0.110 **	0.168 ***	0.115	0.116 ***
	(0.046)	(0.058)	(0.136)	(0.038)
size	0.217 ***	0.300 ***	0.188 **	0.269 ***
	(0.049)	(0.038)	(0.080)	(0.032)
lev	− 0.681 ***	− 0.643 ***	− 0.662 *	− 0.775 ***
	(0.134)	(0.116)	(0.337)	(0.106)
dual	− 0.070	− 0.012	− 0.005	− 0.033
	(0.050)	(0.044)	(0.107)	(0.037)
pid	0.016 ***	0.014 ***	0.015 *	0.015 ***
	(0.004)	(0.004)	(0.008)	(0.004)
top1	− 0.002	0.004	0.002	0.002
	(0.002)	(0.003)	(0.004)	(0.002)
cash	− 0.188	− 0.646 ***	− 0.510 *	− 0.440 ***
	(0.217)	(0.186)	(0.275)	(0.138)
board	0.018	0.010	− 0.002	0.019
	(0.014)	(0.015)	(0.020)	(0.012)
roa	0.709 *	1.360 ***	0.234	1.635 ***
	(0.381)	(0.343)	(0.558)	(0.359)
Constant	− 1.046	− 3.104 ***	− 0.348	− 2.396 ***
	(1.081)	(0.841)	(1.407)	(0.615)
企业固定效应	控制	控制	控制	控制
时间固定效应	控制	控制	控制	控制
Observations	7590	8147	3674	12084
R^2	0.583	0.544	0.538	0.571

注：括号内数字为标准误；***、**、*分别表示1%、5%、10%的显著性水平。

7. 行业差异异质性分析

本书对重污染行业的分类依据是根据中国证券监督管理委员会2012年修订的《上市公司行业分类指引》，重污染行业的代码借鉴潘爱玲（2019）的理论，由此将样本分为重污染企业和非重污染企业。如表 8 – 15 所示，列（3）为重污染企业的回归结果，*DID* 系数不具有统计学意义；列（4）为非重污染企业的回归结果，*DID* 的系数为 0.116，在 1% 的显著水平上显著。这表明生态文明建设示范区政策对非重污染企业 ESG 的影响更为显著，对重污染企业的 ESG 表现没有显著的提升作用。这可能是因为与非重污染企业相比，重污染企业的绿色转型和可持续发展面临的难度更大。重污染企业具有"高耗能、高污染、高排放"的特点，且 ESG 责任表现普遍较低，而示范区成立的时间较短，因此示范区政策在短时间内对重污染企业的 ESG 表现提高力度相对不够。

8. 区域异质性分析

我国幅员辽阔，资源分布不均衡，各个地区的经济发展差异很大，为了探究生态文明建设示范区政策对企业 ESG 表现的区域差异，本书以中国国家统计局对四大经济区域的分类方式为基础，将全样本分为东部、中部、西部和东北四部分，探讨了企业的区域异质性。表 8-16 是按区域划分的回归结果，在列（1）东部地区的样本中，*DID* 的回归系数是 0.145，通过了 1% 的显著性检验，而中西部地区的企业无法通过显著性检验水平，列（4）东北部地区也通过了 1% 的显著性检验。这主要是因为东部和东北部地区的经济发展水平较高，市场竞争较为激烈，在示范区政策的监管下企业会更加注重提升自身的 ESG 水平，从而提高核心竞争力。相比之下，中西部地区的环境污染较为严重，很多企业在环境治理和社会责任方面还需要政府的引导和激励，并且中西部地区的企业技术创新研发水平较弱，且企业在环保投资方面投入的资金较少，使得示范区政策对中西部地区的政策效果不显著。

表 8-16　　　　　　　　　区域异质性分析

变量	(1) 东部地区 ESG	(2) 中部地区 ESG	(3) 西部地区 ESG	(4) 东北地区 ESG
DID	0.145 ***	0.104	0.037	0.383 ***
	(0.046)	(0.202)	(0.153)	(0.115)
size	0.271 ***	0.208 ***	0.220 ***	0.141
	(0.041)	(0.058)	(0.050)	(0.085)

变量	（1） 东部地区 ESG	（2） 中部地区 ESG	（3） 西部地区 ESG	（4） 东北部地区 ESG
lev	− 0. 860 ***	− 0. 439	− 0. 456 **	− 0. 493
	（0. 123）	（0. 271）	（0. 206）	（0. 380）
dual	− 0. 054	− 0. 032	− 0. 007	0. 016
	（0. 043）	（0. 079）	（0. 084）	（0. 090）
pid	0. 012 ***	0. 029 ***	0. 018 ***	0. 019 **
	（0. 004）	（0. 006）	（0. 005）	（0. 007）
*top*1	0. 006 **	− 0. 002	− 0. 003	0. 005
	（0. 003）	（0. 003）	（0. 004）	（0. 007）
cash	− 0. 375 **	− 0. 698 **	− 0. 592	− 0. 004
	（0. 141）	（0. 297）	（0. 447）	（0. 588）
board	− 0. 011	0. 070 ***	0. 014	0. 080 ***
	（0. 013）	（0. 023）	（0. 022）	（0. 026）
roa	1. 310 ***	0. 620	1. 572 **	2. 425 **
	（0. 347）	（0. 515）	（0. 643）	（1. 070）
Constant	− 2. 092 **	− 1. 930	− 1. 454	− 0. 674
	（0. 888）	（1. 153）	（1. 010）	（1. 940）
企业固定效应	控制	控制	控制	控制
时间固定效应	控制	控制	控制	控制
Observations	9931	2707	2353	775
R^2	0. 554	0. 526	0. 587	0. 555

注：括号内数字为标准误；*** 、** 分别表示1%、5%的显著性水平。

第五节　本章小结

本章使用2013～2022 年沪深 A 股上市企业的数据，考察了数字化转型、ESG 表现对长江经济带矿业城市经济转型发展的影响及其传导机制。主要认识包括：第一，数字化转型可以显著提高长江经济带矿业城市经济转型发展，研究结果经过了各种稳健性测试；第二，ESG 表现可以显著提高长江经济带矿业城市经济转型发展；第三，从异质性方面检验了数字化转型、ESG 表现在不同产权性质、长江上中下游不同流域这些方面的差异，企业数字化转型对国有企业、长江上游地区矿业城市转型发展的效果更显著；企业 ESG 表现对国有企业、长江下游地区矿业城市转型发展的效果更显著；第四，生态文明建设示范区政策可以显著提高企业的 ESG 表现，示范区内企业的 ESG 表现较非示范区内企业显著提高了 13.5%；媒体关注度在示范区政策对企业 ESG 表现的影响中起到了正向调节作用；生态文明建设示范区政策对国有企业和非国有企业的 ESG 表现均有显著的正向促进作用，对非国有企业的 ESG 表现提升作用更强；在行业异质性检验中，示范区政策对非重污染企业的 ESG 表现有明显的促进作用；在区域异质性分析中，示范区政策对东部和东北部地区企业的 ESG 有提升作用，而对中西部企业的提升作用并不明显。

第九章 水生态环境保护优先下长江经济带矿业城市经济转型发展路径

第一节 国外水生态环境保护经验

为了更好地推进长江经济带矿业城市经济转型发展，保护和改善长江水生态环境，确保长江经济带水生态环境只能优化、不能恶化，本节总结了国外水生态环境治理的相关经验，为长江经济带矿业城市水生态环境保护提供一定的思路和措施。

一、实施严格健全的污染源排放管控制度

莱茵河流经面积最大的国家德国，实行保护优先、多方合作以及污染者付费的污染管理原则，排污费对排放污染物造成的环境损失成本实现全覆盖，排污者所交纳的资金必须足以修复所造成的环境影响。通过该政策，促进了企业改进生产技术，促使企业向少用水、多循环用水、少排放污水、少产生污染物的方向发展，促进了落后产能和高污染企业的退出。该措施使得莱茵河沿岸污染物的排放迅速减少，对水质改善起到了关键作用。在美国，1972 年《清洁水法》颁布后，通过实施国家污染物排放消除制度（NPDES）许可证项目，美国建立了基于最佳可行技术的排放标准为基础的排污许可证制度。通过建设污水处理厂并实施排污许可制度，使密西西比河流域的工业和市政等点源污染得到有效控制，有效改善了密西西比河流域的水质。

二、细化流域监测体系为管理治理政策提供全面保证

欧盟在《水框架指令》中给出了监测指导文件，对监测规划的设计、

监测的水体类型、监测参数、质量控制、监测的频率等制定了详细的监测要求，给出了详细明确的指导。在英国赛文河特文特河流域 12500 平方千米的流域内，设置了 1800 个监测样点，平均每 7 平方千米就有一个监测样点，监测点位密集。并且，《水框架指令》中明确了对水生态的监测，在监测的基础上进行水体健康评价，对莱茵河水生态的恢复起到了重要的作用。

三、通过流域综合管理实现水生态系统健康

流域综合管理是欧盟水环境管理的核心理念。流域管理十分注重综合性，从治理流域污染、关注防洪效果、提高航道保证程度，到生态环境保护、保护湿地、增加过鱼设施、保护鱼类种群等，从污染防治到生态恢复，实现要素全覆盖。通过流域综合管理规划的实施，改善了水体水质，莱茵河的大部分水生物种已恢复，部分鱼类已经可以食用。欧盟实行的以科学论证和规划为指导，以生态环境的整体改善为前提，以高等水生物为生态恢复指标的流域综合管理规划的做法取得了成功。美国则通过制定联邦流域管理政策，实现科学管理治理流域水环境。

20 世纪 80~90 年代，美国环保局逐渐认识到以流域为基本单元的水环境管理模式十分有效，开始在流域内协调各利益相关方力量以解决最突出的环境问题。1996 年，美国环保局颁布了《流域保护方法框架》，通过跨学科、跨部门联合，加强社区之间、流域之间的合作来治理水污染，通过大量恢复湿地和水生态系统恢复水生态系统健康。在框架实施过程中，结合排污许可证发放管理、水源地保护和财政资金优先资助项目筛选，有效地提高了管理效能。

四、给予公民环境诉讼的权益

环境法律法规能否得到有效执行，关键在于环境利益相关者，比如政府、企业、公众等能否广泛参与。20 世纪 70 年代，美国拉夫运河污染事件是其历史上一个严重的人为水环境灾难，事件发生后，在媒体宣传和公众游行示威下，美国迅速制定相关法律制度。公民是参与环境保护的重要

力量，为了充分发挥公民的监督作用，美国在《清洁水法》中明确给予公民环境公益诉讼权益，起诉人胜诉后，败诉方承担起诉方花费的全部费用，同时国家再给予起诉方奖励。给予公民环境诉讼的权益，有利于形成各个社会群体的合力，促进环境决策民主化。

五、推进企业研发应用新技术

在水环境治理中，应用技术手段能够提高治理效率、增强治理效果。英国早期的污水处理厂主要采用沉淀、消毒工艺，处理效果不明显，在采用新技术活性污泥法处理工艺后，处理效果显著，成为水质改善的根本原因之一。英国泰晤士河水务公司近20%员工从事着研究工作，不断研发水质治理新技术，为水生态环境保护提供了技术支持。

六、利用市场机制实现污水减排

引入市场机制是促进水资源优化配置和安全利用的重要手段。英国泰晤士河水务公司经济独立、自主权较大，其引入市场机制向排污者收取排污费，仅1987～1988年，总收入就高达6亿英镑，上交盈利2亿英镑，既解决了资金短缺难题，又促进了水生态环境保护。市场机制建立环境保护费用制度，能够引导企业和个人增强水环境保护意识，促进环保产业发展。

第二节　长江经济带矿业城市经济转型发展路径

为解决矿业城市的水生态环境问题，必须以"共抓大保护、不搞大开发"为导向，以保持矿业城市水生态系统稳定、改善水生态环境和保障流域人居安全等为目标，协调好发展与底线的关系，强化空间、总量、环境准入管理，优化矿业勘查开发空间布局，推动矿业城市产业转型升级，推广矿业勘查开发先进技术，推进矿产资源节约与综合利用，完善流域矿产资源开发生态补偿机制。

一、分类型选择产业发展与转型路径

不同阶段的矿业城市资源开发和水生态环境保护的协调关系不同，地方经济发展、产业转型的任务和可持续发展路径也不同，要提前布局成熟型和衰退型矿业城市的转型发展。

（一）成熟型矿业城市（如江西省赣州市等）

成熟型矿业城市应提高资源的开发利用效率，提高产业技术水平，延伸资源产业链条，培育资源深加工产业集群，打造龙头企业。加速资源加工产业结构调整升级，推动形成相应支柱型替代产业。要高度重视当前存在的水生态环境问题，提倡环境治理成本内部化，切实做好矿业区域地质环境治理以及矿业区域土地复垦工作。

（二）衰退型矿业城市（如安徽省铜陵市等）

衰退型矿业城市应处理好城市内部二元结构问题，解决历史遗留问题，如加快地质灾害隐患综合治理等。要加大国家政策支持力度，大力扶持替代性产业发展，不断增强替代性产业可持续发展能力。

（三）再生型城市（如安徽省马鞍山市等）

要优化产业经济结构，提高区域经济发展质量以及效益。深化对外开放水平，提高科技创新水平，改造传统产业，培育战略性新兴产业，促进现代服务业的进一步发展。要加强对民生领域的投入，推进公民可均等地获得基本公共服务的权利。

二、分区域推进矿业城市可持续发展

由于各区域的经济发展水平、资源禀赋现状均存在差异，同时水资源环境的承载能力也有所差异，所以必须实行分区域、差异化的矿业城市资源型城市产业发展、转型策略。

在保障国家战略性矿产资源安全的同时，进一步推进长江经济带中上游矿业城市水生态环境治理。长江经济带中上游地区的矿山最多，战略性金属矿产丰富。在战略性金属矿产开发，保障中国资源安全的同时，要实行严格的环境保护制度。针对长江经济带各省级行政区306个重点矿业集聚区，严格控制重点矿区内各类活动的废水和固体废弃物排放，确保各类污染物的排放满足排放标准，从源头上遏制矿区和矿业园区水环境污染。加大对中上游生态功能区的生态补偿力度，缓解水生态环境治理的经济社会压力。在中上游城市多元化转型的过程中，要立足矿业城市的地区优势、资源优势以及产业优势，提高产业资源竞争力，同时也要继续培育发展城市特色化非资源型产业。

要加快长江经济带下游矿业城市产业服务化转型。第一，推进制造产业服务化，引导第一、第二产业不断向服务业延伸，改进制造方式和提高服务业态，促进传统制造业朝着数字化、智能化、服务化的方向升级。第二，促进生产性服务业创新发展，完善健全生产性服务体系，围绕生产功能延伸制造业技术研发、产品设计、售后服务等生产性服务步骤，培育包含文化旅游、电子商务、中介服务以及现代物流等多方面的现代化服务业，促进服务产业与第一、第二产业的有机融合。第三，围绕针对服务业提出的"便利化、精细化、品质化"这一发展导向，推动生活性服务业的快速发展，积极培育新模式、新业态的服务业，增加有效供给以满足人们的消费需求，全面提高质量效益，满足人们的物质需求和精神需求，打造适宜人们居住以及从事经济活动的生活环境。

三、重点矿区实行最严格的水环境保护制度

针对长江经济带各矿业城市重点矿业集聚区，严格控制重点矿区内各类活动的废水排放，确保各类污染物的排放满足排放标准，从源头上遏制矿区和矿业园区水环境污染。根据国家发布的《污水综合排放标准》，依据污水排放的流向，按照年限划分69种水污染物允许排放浓度最高值以及部分行业中最高准许排放量。同时，要明确规定部分行业的准许排水量重复利用率的最低标准，其中矿山工业有色金属系统的利用率最低为75%，其他矿山在采选矿和选煤等的利用率最低为90%，有色金属冶炼及金属加工水的利用率最低标准为80%。

在勘查开发矿产资源的过程中，其主要产生的废水有采矿废水、选矿

废水、废石淋溶水、尾矿渗滤液、气田作业废水和生活污水。对于地下开采方式所产生的废水，可在井下沉淀后直接用于湿法凿岩和井下降尘，进行循环使用；对将排出地表的废水可在沉淀后结合实际情况尽量综合利用，仍然无法利用的采矿废水要在采矿场设置沉淀池，经沉淀处理达标后排放。对于露天开采方式产生的矿坑疏干水和施工开采坑道水，因为其产生污水受污染程度较轻，所以在经过沉淀处理之后可用于在露天采矿区洒水、公路洒水等。选矿废水（含尾矿库澄清水）应该做到循环使用，努力实现闭路循环，没有实现循环利用的废水排放前应处理至达标水平。要采取预先截堵水、修筑排水沟、引流渠、排水隧道等技术措施来减少采场、废石场、尾矿库等场地的汇水面积，相应减少废水产生量。对非正常情况下的废水排放，要根据选矿废水产生的情况，设置相应容量的事故水池，防止回用系统出现故障导致废水直排进入地表水的情况发生。对于矿区酸性废水，应建立废水收集系统，鼓励有价金属回收和废水循环利用，外排废水时应达标排放，沉淀处理法和氧化还原法可作为矿山酸性废水的有效处理方法。对于废石淋溶水和尾矿渗滤液，因此应在废石场周围建立导流渠以及集排水等设施，以减少其产生量。为了减少降雨进入尾矿堆体，需要在尾矿库的上游以及两侧拦洪渠设置设施，同时在尾矿库坝建立滤液的收集池，收集后的水严禁直排，可以用于选矿。

总之，矿山企业需要提高生产废水回用率，减少生产废水外排，在矿产资源开发时尽量做到采场、选场及尾矿库一并建设、使用，通过"采、选、尾"生产用水、排水之间的相互调节，尽量做到矿山企业生产废水"零排放"。

四、建立矿产资源生态补偿机制

党的二十大报告提出，建立生态产品价值实现机制，完善生态保护补偿制度。应以改善水生态环境质量为核心，参考生态环境功能类型和重要性，有效实施精准考核，推动形成资金分配和保护成效挂钩的机制。如图 9-1 所示，将纵向补偿机制和横向补偿机制两者结合，推动建立长江经济带流域矿产资源生态补偿机制，充分调动流域上下游区域的积极性，推动形成"成本共担、效益共享、合作共治"的流域保护机制，确保自然资源得到保护，优良生态产品的区域得到相应补偿，有效改善流域水生态环境质量。

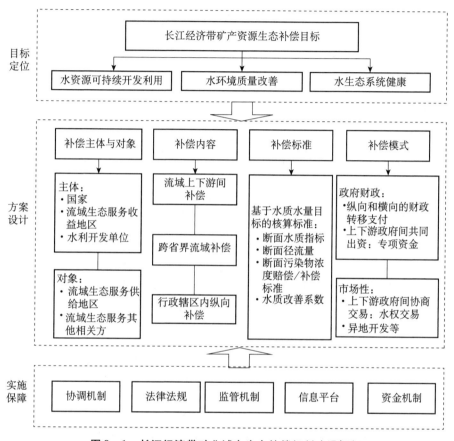

图 9 - 1　长江经济带矿业城市生态补偿机制建设框架

要加大对中上游矿业城市生态功能区的生态补偿力度。完善生态资源占用核算，基于矿产资源消费、污染排放类型以及开发区域类型拓展量化生态足迹的范围，构建包括长江经济带矿业城市水生态环境数据库，并基于生态服务功能类型扩展生态资源占用核算。这有利于核算被间接占用的自然空间的生态价值，同时也为量化环境资源管理以及区域生态补偿制度奠定基础。通过转移相关税负促进区域绿色可持续发展，在生态补偿的基础上，降低劳动和资本要素税收负担。通过转移税负促进企业创业创新，提高区域全要素生产率，推动区域经济增长动能转换。

　　加快水生态环境损害赔偿制度改革。明确生态环境损害的责任主体、赔偿范围、索赔主体以及损害解决途径，加快推进包括重庆市、江苏省、云南省、江西省四个省（市）在内的生态环境损害制度改革试点，继续完善长江经济带各省（直辖市）矿产资源开发生态环境损害赔偿。长江经济带流域覆盖区域极广，不同区域之间环保意识、资金水平、监测能力存在较大差异，因此针对不同区域设定的生态补偿标准也有很大不同。在制定水生态环境补偿标准时，必须根据流域上下游的水生态环境现状、治理修复成本、水质改善程度、泄水量保障等因素，综合考量生态补偿标准，将激励与约束机制落到实处。由生态环境部联合财政部等相关部门，统一设定长江经济带流域补偿标准，根据各地区水质环境状况、水域生态保护目标、区域经济水平等相关因素进行协商。按照区域流域水资源管理的统一要求，共同推进长江流域水生态环境保护与治理工作，联合各部门共同处理跨界违法行为，共建水生态环境污染应急联控联防机制。

　　建立自然保护区矿业权退出转移支付制度。对达成生态补偿协议的重点矿业城市，中央财政部门将给予财政资金奖励，具体的奖励额度将根据长江流域上下游地方政府协商的补偿金额标准以及中央政府在治理不同流域中承担的事权等多方面因素确定。对于率先达成补偿协议的流域优先给予支持，鼓励当地部门尽早建立防控机制，推动形成"成本共担、效益共享、合作共治"的流域保护以及治理长效机制，给予保护生态环境、提供优良生态产品的区域得到应有的补偿，有效确保流域自然生态环境质量不断提高。长江经济带矿业生态补偿主要依靠政府的财政转移支付，这种方式不仅可以充分调动流域上下游地方政府之间的积极性，还能保障中央对地方的有效监管。但这种补偿方式往往存在补偿金额偏低、手续烦琐、保护区利益无法保障等问题，在一定程度上降低了当地政府保护生态保护区的积极性。亟须建立矿产资源补偿市场，赋予生态环境保护区独立、公平、对等的市场地位。在双方自愿的基础上，进行生态补偿协商工作，保障双方的意愿，有助于提升双方保护生态环境的积极性。必须充分运用不同种类的补偿方式，包括政策性补偿、对口支援、社会捐赠等多种补偿手段，促进生态补偿方式的多元化，调动各利益相关方的积极性。

五、推动监测巡护工作制度化体系化

建立矿业城市水生态环境监测体系。加快水生态环境监测体系建设，完善应急处置体系，全面提升水生态环境监测和监管能力。从制度、基础设施和技术三个层面全方位强化水生态环境监测反馈体系。坚持湖长巡湖制度，矿业城市各级河湖长应坚持定期巡湖制度，在巡湖的过程中掌握了解湖泊真实情况，听取一线湖泊管理人员和沿湖群众的意见与建议，协调解决湖泊保护和管理中存在的重大问题，并安排部署工作任务，缩短从发现问题到解决问题的最短路径。同时，在现有湖泊河流生态监测工作体系下，聘请当地群众代表担任监督员，定期对矿业城市各河湖支流治理和管理效果进行评价。以现有常规水质监测站点为基础，逐步增加水质监测断面，并优化布局。同时增加水质检测取样点，提升检测数据的可靠性。按照《水环境监测规范》（SL219 - 98）确定监测项目和频率，提高水质水量监测能力。

实现"一河一长""一湖一长""一田一长"。"河湖长制"是我国新时期探索水资源保护的重要举措。积极落实河湖长制对于矿业城市水资源的保护具有重要作用：一是严格落实责任监督制度，实现"一河一长""一湖一长""一田一长"。二是强化行业整治。在实际操作中，有些企业能够严格按照标准排放污水，但也有些企业对此重视不够，超标排放。"河湖长制"可以对污水排放过量的企业进行动态追踪和实时监督，可以通过关停淘汰一批、转型提升一批、集聚集中一批的思路，加大对铅蓄电池、塑料、印染、造纸、化工等重污染高耗能行业以及"四无"企业的整治力度，倒逼企业转型升级，解决污染物排放全面达标的问题。三是强化农业面源污染整治，推行"田长制"。一方面，就农村农药化肥的过度使用造成的污染，管理起来难度很大，"一田一长"可以有效监督农田污染状况；另一方面，农村的污水大多是向河流直接排放，垃圾处理也不到位，在河岸堆积同样也会对水体造成严重的污染。农业面源污染整治要重点对畜禽排泄物、肥水养殖、病死动物等污染采取无害化处理，通过积极探索农业垃圾无害化、病死动物无害化集中处理的方式实现对农业垃圾的资源化综合利用，大力发展现代生态高效农业，实现经济和生态环境协调发展。四是进一步加强生活垃圾和生活污水整治，特别是农村。村民大多居住在水源附近，环保意识淡漠，且缺乏长效规范的生活垃圾和生活污水处理设施，随意倾倒垃圾、排放生活污水现象较为常见，要通过完善农村污水排放管网、垃圾统一收集清运等措施，保障水源质量。

六、精准把握企业发力点

第一，企业应根据自身实际情况，制定清晰的数字化战略，充分考虑环境、社会和治理因素，以确保可持续发展。企业应评估现有资源与技术，设定具体的数字化目标，比如智能化生产、数据驱动决策和客户关系管理等，以提升运营效率和市场竞争力。

第二，应鼓励企业研发和应用绿色矿业技术，如无水开采和矿山废弃物资源化，以降低对水资源和生态环境的影响。同时，建立循环经济模式，利用副产品进行再加工，减少废物排放。加强水资源管理，制定节水计划，确保矿业活动对水生态的影响降到最低。在矿业开采结束后，企业应积极开展生态恢复工作，具体措施包括种植本地植物以重建生态系统，从而恢复生物多样性、改善土壤质量和保护水源。

第三，企业需鼓励多元化发展，向环保产业和新能源领域拓展，减少对单一矿业的依赖，通过投资绿色技术和循环经济项目来开辟新市场并降低环境风险。增强社会责任意识也是企业可持续发展的关键，企业应与地方政府、环保组织及社区建立紧密合作关系，推动可持续发展项目，如生态旅游和社区发展计划，以提升企业形象和社区福祉。通过这些综合措施，企业能够在生态恢复和经济转型中实现双赢，促进可持续发展。

第四，政府要把外部环境监管和资金支持结合起来，一方面可以利用外部环境监管的压力倒逼企业进行绿色转型，从而提高企业的 ESG 表现；另一方面政府可以为企业的节能减排提供资金支持，通过减税、补贴等一系列的方式为企业绿色技术创新提供资金支持，提高 ESG 水平。同时，政府要把激励机制和约束机制相结合，不仅可以设立绿色发展基金等措施促进企业主动践行 ESG 理念，也要为企业环保投资和环境治理设立一套合理的约束体制。

第五，中国的环境治理主要依靠政府的强制性环境规制，因此政府要充分发挥媒体的舆论引导作用，让企业走可持续发展道路，践行绿色发展理念，要充分利用各种资源提高其利用效率，从而提高企业的 ESG 水平。要进一步激励企业尤其是重污染企业提高自主研发能力，政府也要对重污染企业进行资金扶持，以提高其绿色技术创新水平和研发能力，同时促进 ESG 水平的提高。

第六，政府要对不同类型的企业采取差异化战略，优化国有企业的组织结构使其更能主动积极承担 ESG 责任。针对区域异质性，政府要重视中西部地区企业的环境污染问题，可以向中西部倾斜帮扶资金，制定一套适合中西部地区发展的生态文明建设方案。此外，行业异质性检验结果表明，生态文明建设示范区政策对非重污染企业的 ESG 绩效促进作用更强，这可能是因为与非重污染企业相比，重污染企业的绿色转型和可持续发展面临的难度更大，因此政府要重视重污染企业的环保投资，对重污染企业提供技术支持、资金支持和人才引进。

参考文献

［1］边璐，庄小央，王嘉嘉．公共风险、财政补贴与战略资源企业高质量发展［J］．会计之友，2022（23）：56-63．

［2］车晓翠，张平宇．基于多种量化方法的资源型城市经济转型绩效评价——以大庆市为例［J］．工业技术经济，2011（2）：129-136．

［3］陈丹，王然．我国矿业城市生态文明发展水平差异性评价研究［J］．生态经济，2016，32（1）：212-217．

［4］陈琪，李梦函．垂直型环境监管与企业ESG表现——基于中央环保督察的准自然实验［J］．公共管理与政策评论，2023，12（6）：45-62．

［5］陈善荣，董广霞，张凤英，等．"十三五"时期长江经济带地表水水质及关联分析［J］．环境工程技术学报，2022，12（2）：361-369．

［6］陈晓珊，刘洪铎．投资者关注影响上市公司ESG表现吗——来自网络搜索量的经验证据［J］．中南财经政法大学学报，2023（2）：15-27．

［7］成金华，彭昕杰．长江经济带矿产资源开发对生态环境的影响及对策［J］．环境经济研究，2019，4（2）：125-134．

［8］成金华，孙涵，王然，彭昕杰．长江经济带矿产资源开发生态环境影响研究［M］．中国环境出版集团，2021．

［9］成金华，王然．基于共抓大保护视角的长江经济带矿业城市水生态环境质量评价研究［J］．中国地质大学学报（社会科学版），2018，18（4）：1-11．

［10］程小琴．沿长江经济带亟待开放开发——湖北的黄金地带和经济发展重心之所在［J］．统计与决策，1990（5）：31-34．

［11］仇方道，佟连军，姜萌．东北地区矿业城市产业生态系统适应性评价［J］．地理研究，2011，30（2）：243-255．

［12］戴雄武，魏章英．振兴长江经济带 建成密集产业区［J］．地域研究与开发，1991（2）：39－41，55－64．

［13］翟翠霞．影响水环境质量的因素分析与水生态环境保护［J］．资源节约与环保，2020（9）：29－30．

［14］翟胜宝，程妍婷，许浩然，等．媒体关注与企业 ESG 信息披露质量［J］．会计研究，2022（8）：59－71．

［15］丁磊，施祖麟．资源型城市经济转型——以太原为例［J］．清华大学学报（哲学社会科学版），2000，15（1）：52－56．

［16］董锁成，李泽红，李斌，等．中国资源型城市经济转型问题与战略探索［D］．中国人口·资源与环境，2007，17（5）．

［17］杜强，陈乔，陆宁．基于改进 IPAT 模型的中国未来碳排放预测［J］．环境科学学报，2012，32（9）：2294－2302．

［18］樊杰，孙威，傅小锋．我国矿业城市持续发展的问题，成因与策略［J］．自然资源学报，2005，20（1）：68－77．

［19］范育新，高峰，孙成权，等．有色金属资源城市经济转型发展的思考［J］．中国人口·资源与环境，2004，14（3）：85－87．

［20］方杰，温忠麟，梁东梅，等．基于多元回归的调节效应分析［J］．心理科学，2015，38（3）：715－720．

［21］方先明，胡丁．企业 ESG 表现与创新——来自 A 股上市公司的证据［J］．经济研究，2023，58（2）：91－106．

［22］冯思静，姜滢，宋康，等．基于模糊聚类分析的矿业城市地表水环境质量评价［J］．地球与环境，2013，41（2）：180－184．

［23］付凌晖．我国产业结构高级化与经济增长关系的实证研究［J］．统计研究，2010，27（8）：79－81．

［24］干春晖，郑若谷．改革开放以来产业结构演进与生产率增长研究——对中国 1978～2007 年"结构红利假说"的检验［J］．中国工业经济，2009（2）：55－65．

［25］高峰，张健，王学定，等．资源型城市接续主导产业的选择研究——以白银市为例［J］．中国人口·资源与环境，2004，14（3）：88－91．

［26］高志强，周启星．稀土矿露天开采过程的污染及对资源和生态环境的影响［J］．生态学杂志，2011，30（12）：2915 - 2922.

［27］顾康康，刘景双，陈昕．辽中地区矿业城市水资源供需平衡动态分析［J］．地理学报，2008（5）：446 - 454.

［28］国凤兰，徐海燕，任一鑫，等．矿产企业对矿业城市的经济辐射理论探讨［J］．经济师，2002（5）：19 - 20.

［29］韩丽红，雷涯邻．矿业城市转型中的几个战略性问题［J］．中国国土资源经济，2008，21（5）：24 - 25.

［30］何嘉敏．资源枯竭城市转型研究文献分析［J］．合作经济与科技，2022（14）：14 - 18.

［31］何小钢，张耀辉．中国工业碳排放影响因素与 CKC 重组效应——基于 STIRPAT 模型的分行业动态面板数据实证研究［J］．中国工业经济，2012（1）：26 - 35.

［32］胡春生，莫秀蓉．中国资源型城市经济收敛的结构分解［J］．资源科学，2016，38（12）：2338 - 2347.

［33］胡东滨，蔡洪鹏，陈晓红，等．基于证据推理的流域水质综合评价法——以湘江水质评价为例［J］．资源科学，2019，41（11）：2020 - 2031.

［34］黄大禹，谢获宝，邹梦婷．双碳背景下环境规制与企业 ESG 表现——基于宏观和微观双层机制的实证［J］．山西财经大学学报，2023，45（10）：83 - 96.

［35］黄辉．媒体负面报道、市场反应与企业绩效［J］．中国软科学，2013（8）：104 - 116.

［36］黄蕊，王铮，丁冠群，等．基于 STIRPAT 模型的江苏省能源消费碳排放影响因素分析及趋势预测［J］．地理研究，2016，35（4）：781 - 789.

［37］黄泽霖，刘允全，何乐，等．基于指数法和模糊综合评价法对盘龙铅锌矿区的水质分析与评价［J］．中国科技论文，2023，18（9）：972 - 980.

［38］景普秋，张复明．面向可持续发展的可耗竭资源管理［J］．管

理世界，2007（7）：156 – 157.

［39］柯蒂．论湖北"在中部崛起"的突破口——加速长江经济带的改革开放步伐［J］．湖北社会科学，1988（10）：3 – 7.

［40］李井林，阳镇，陈劲，等．ESG 促进企业绩效的机制研究——基于企业创新的视角［J］．科学学与科学技术管理，2021，42（9）：71 – 89.

［41］李连香，许迪，程先军，等．基于分层构权主成分分析的皖北地下水水质评价研究［J］．资源科学，2015，37（1）：61 – 67.

［42］李名升，张建辉，罗海江，等．"十一五"期间中国化学需氧量减排与水环境质量变化关联分析［J］．生态环境学报，2011，20（3）：463 – 467.

［43］李璇琼，李永树，卢正．矿产资源开发的重金属污染分布特征研究——以雅砻江流域某铜矿区为例［J］．矿产保护与利用，2016（1）：56 – 63.

［44］李志斌，邵雨萌，李宗泽，等．ESG 信息披露、媒体监督与企业融资约束［J］．科学决策，2022（7）：1 – 26.

［45］林川，吴沁泽．企业数字化转型与城市经济活力——基于夜间灯光数据的混频回归［J］．云南财经大学学报，2024，40（6）：81 – 101.

［46］林坦，宁俊飞．基于零和 DEA 模型的欧盟国家碳排放权分配效率研究［J］．数量经济技术经济研究，2011，28（3）：36 – 50.

［47］刘方媛，吴云龙．"双碳"目标下数字化转型与企业 ESG 责任表现：影响效应与作用机制［J/OL］．科技进步与对策，1 – 10［2024 – 02 – 27］．

［48］刘录三，黄国鲜，王璠，等．长江流域水生态环境安全主要问题、形势与对策［J］．环境科学研究，2020，33（5）：1081 – 1090.

［49］刘茂辉，岳亚云，刘胜楠，等．基于 STIRPAT 模型天津减污降碳协同效应多维度分析［J］．环境科学，2023，44（3）：1277 – 1286.

［50］刘庆，刘秀丽．生育政策调整背景下 2018 – 2100 年中国人口规模与结构预测研究［J］．数学的实践与认识，2018，48（8）：180 – 188.

［51］刘霆，申玉铭．服务业对资源枯竭城市转型的经济增长效

应——基于 23 座地级市的面板数据［J］. 自然资源学报，2023，38（1）：140 - 156.

［52］刘小玲，唐卓伟，孙晓华，等. 要素错配：解开资源型城市转型困境之谜［J］. 中国人口·资源与环境，2022，32（10）：88 - 102.

［53］刘晓萌，孟祥瑞，何叶荣，等. 基于因子分析的矿业城市转型能力统计分析与测评［J］. 湖南科技大学学报：社会科学版，2017，20（3）：109 - 114.

［54］刘扬，陈劭锋. 基于 IPAT 方程的典型发达国家经济增长与碳排放关系研究［J］. 生态经济，2009（11）：28 - 30.

［55］刘亦文，陈熙钧，高京淋，等. 媒体关注与重污染企业绿色技术创新［J］. 中国软科学，2023（9）：30 - 40.

［56］吕学研，陈桥，蔡琨，等. 江苏太湖流域水生态环境功能区质量评价方法［J］. 环境科学与技术，2020，43（12）：202 - 210.

［57］欧阳院平，刘先锋. 美国大环保理念对长江水生态环境保护的启示［J］. 人民长江，2015，46（19）：97 - 100.

［58］潘爱玲，刘昕，邱金龙，等. 媒体压力下的绿色并购能否促使重污染企业实现实质性转型［J］. 中国工业经济，2019（2）：174 - 192.

［59］彭定华，刘哲，张彦峥，等. 水生态环境质量评价方法及在黄河流域的应用进展［J］. 中国环境监测，2023，39（2）：41 - 54.

［60］彭华岗，侯洁. 德国资源型城市和企业转型的经验及启示［J］. 中国经贸导刊，2002（19）：42 - 43.

［61］彭令，梅军军，王娜，等. 工矿业城市区域水质参数高光谱定量反演［J］. 光谱学与光谱分析，2019，39（9）：2922 - 2928.

［62］乔国通，何刚，朱艳娜，等. 矿业城市转型演进过程 SD 仿真及政策选择［J］. 中国矿业，2017，26（2）：33 - 38.

［63］邱斌，朱洪涛，齐飞，等. 长江流域典型城市水生态环境特征解析及综合整治对策［J］. 环境工程技术学报，2023，13（1）：1 - 9.

［64］渠慎宁，郭朝先. 基于 STIRPAT 模型的中国碳排放峰值预测研究［C］. 2010 中国可持续发展论坛暨中国可持续发展研究会学术年会，

中国山东济南，2010.

[65] 任芳语，陈义华，陈从喜，等．长江经济带矿产资源开发强度时空演化特征及影响因素解析［J］．长江流域资源与环境，2022，31（2）：305 – 312.

[66] 任俊霖，李浩，伍新木，等．基于主成分分析法的长江经济带省会城市水生态文明评价［J］．长江流域资源与环境，2016，25（10）：1537 – 1544.

[67] 佘之祥．长江流域与长江沿江经济带的特点及应研究的问题［J］．长江流域资源与环境，1993（2）：97 – 102.

[68] 沈镭，万会．试论资源型城市的再城市化与转型［J］．资源产业，2003，5（6）：116 – 119.

[69] 宋敏，周鹏，司海涛．金融科技与企业全要素生产率——"赋能"和信贷配给的视角［J］．中国工业经济，2021，4：138 – 155.

[70] 孙雅静．矿业城市转型模式的国际比较［J］．开放导报，2004（1）：96 – 99.

[71] 孙长虹，范清，王永刚，等．北京市城市发展与水环境演化规律研究［J］．环境科技，2014，27（4）：31 – 34.

[72] 唐国平，李龙会，吴德军．环境管制、行业属性与企业环保投资［J］．会计研究，2013（6）：83 – 89，96.

[73] 佟新华．日本水环境质量影响因素及水生态环境保护措施研究［J］．现代日本经济，2014（5）：85 – 94.

[74] 万会，沈镭．我国东西部地区矿业城市经济转型的差异分析——以阜新市和白银市为例［J］．资源产业，2005，7（6）：79 – 81.

[75] 万会，沈镭．我国资源枯竭型矿业城市亟待经济转型——以甘肃省白银市为例［J］．矿业快报，2004，20（7）：1 – 6.

[76] 汪安佑，余际从．矿业城市经济转型的"高新技术产业化模式"研究——以白银市为例［J］．中国矿业，2005，14（10）：22 – 25.

[77] 汪克亮，杨宝臣，杨力．中国能源利用的经济效率、环境绩效与节能减排潜力［J］．经济管理，2010，32（10）：1 – 9.

［78］王成韦，赵炳新，王存利，等．企业联盟对长三角城市经济关联的影响——基于网络演化博弈的视角［J］．工业技术经济，2019，38（7）：143－151．

［79］王镝，张先琪．东北三省能源资源型城市的市场机制建设与经济转型［J］．中国人口·资源与环境，2018，28（6）：170－176．

［80］王康．基于IPAT等式的甘肃省用水影响因素分析［J］．中国人口·资源与环境，2011，21（6）：148－152．

［81］王珮，杨淑程，黄珊．环境保护税对企业环境、社会和治理表现的影响研究——基于绿色技术创新的中介效应［J］．税务研究，2021（11）：50－56．

［82］王雪松，张鸽，李颖，等．常州市典型水生态环境功能区河流水环境质量评价［J］．人民珠江，2022，43（1）：64－73，103．

［83］温素彬，周鎏鎏．企业碳信息披露对财务绩效的影响机理——媒体治理的倒"U"型调节作用［J］．管理评论，2017，29（11）：183－195．

［84］温忠麟，叶宝娟．中介效应分析：方法和模型发展［J］．心理科学进展，2014，22（5）：731－745．

［85］乌拉尔·沙尔赛开，杨海平．矿业城市转型及其阶段识别的理论与应用［J］．地域研究与开发，2018，37（3）：50－53．

［86］吴非，胡慧芷，林慧妍，等．企业数字化转型与资本市场表现——来自股票流动性的经验证据［J］．管理世界，2021，37（7）：130－144．

［87］吴红军．环境信息披露、环境绩效与权益资本成本［J］．厦门大学学报（哲学社会科学版），2014（3）：10．

［88］吴舜泽，王东，姚瑞华．统筹推进长江水资源水环境水生态保护治理［J］．环境保护，2016，44（15）：16－20．

［89］吴文盛，王琳，宋泽峰，等．新时期我国矿产资源开发与生态环境保护矛盾的探讨［J］．中国矿业，2020，29（3）：6－10．

［90］吴小庆，王亚平，何丽梅，等．基于AHP和DEA模型的农业生态效率评价——以无锡市为例［J］．长江流域资源与环境，2012，21（6）：714－719．

［91］席龙胜，王岩．企业 ESG 信息披露与股价崩盘风险［J］．经济问题，2022（8）：57－64.

［92］夏军，张世彦，张永勇，等．城市水系统综合治理关键技术及其在长江经济带的示范应用［J］．地理学报，2024，79（9）：2163－2175.

［93］夏永祥，沈滨．我国资源开发性企业和城市可持续发展的问题与对策［J］．中国软科学，1998（7）：115－120.

［94］向海凌，林钰璇，王浩楠．利率市场化改革与企业绿色转型：基于上市企业年报文本大数据识别的经验证据［J］．金融经济学研究，2023（4）：55－73.

［95］徐芬芳，乔宇豪，王康，等．嘉陵江流域水质综合评价与时空变化分析［J］．中国农村水利水电，2024（5）：86－95.

［96］徐浩庆，林浩锋，邢洁．环境规制与重污染企业的 ESG 表现［J］．广东财经大学学报，2024，39（1）：85－99.

［97］徐维祥，郑金辉，周建平，等．资源型城市转型绩效特征及其碳减排效应［J］．自然资源学报，2023，38（1）：39－57.

［98］徐文静．水生态环境保护现状与水环境质量影响因素分析［J］．山东化工，2021，50（14）：252－253.

［99］徐悦，杨力，张驰，等．长江经济带水生态环境综合评价及区域差异［J］．水土保持通报，2023，43（1）：253－262.

［100］薛巍，毛凯，王辉，等．基于矿城"协同"视角的城市型矿区转型策略研究——以抚顺西露天矿为例［J］．煤炭工程，2021，53（6）：1－6.

［101］杨丹辉，渠慎宁，李鹏飞．稀有矿产资源开发利用的环境影响分析［J］．中国人口·资源与环境，2014（S3）：230－234.

［102］杨晋华，郝晓雁．企业 ESG 表现与全要素生产率提升——基于财务柔性与媒体监督的调节作用［J］．会计之友，2023（19）：129－137.

［103］杨静雯，何刚，周庆婷，等．基于 DPSIR-TOPSIS 模型的安徽省矿业城市生态安全评价［J］．安徽农业大学学报（社会科学版），2019，28（5）：41－48.

［104］杨珏婕，李广贺，张芳，等.城市河道生态环境质量评价方法研究［J］.环境保护科学，2022，48（6）：81－85，115.

［105］杨汝岱.中国制造业企业全要素生产率研究［J］.经济研究，2015，50（2）：61－74.

［106］杨志峰，崔保山，刘静玲.生态环境需水量评估方法与例证［J］.中国科学（D辑：地球科学），2004（11）：1072－1082.

［107］姚瑞华，王东，孙宏亮，等.长江流域水问题基本态势与防控策略［J］.环境保护，2017，45（19）：46－48.

［108］于西龙，张学典，潘丽娜，等.COD与TOC、BOD相关性的研究及其在水环境监测中的应用［J］.应用激光，2014，34（5）：455－459.

［109］袁淳，肖土盛，耿春晓，等.数字化转型与企业分工：专业化还是纵向一体化［J］.中国工业经济，2021，9（137）：155.

［110］袁业虎，熊笑涵.上市公司ESG表现与企业绩效关系研究——基于媒体关注的调节作用［J］.江西社会科学，2021，41（10）：68－77.

［111］张晨，肖文娟.环保费改税能提高企业财务和环境绩效吗——基于《环境保护税法》实施的准自然实验［J］.会计之友，2024（4）：113－122

［112］张复明.破解制度瓶颈 找准发展路径 加快推进资源型经济转型发展［J］.前进，2011（11）：47－49.

［113］张继飞，蒋应刚，孙威，等.国内资源型城市转型研究进展的文献计量分析［J］.城市规划，2022，46（3）：93－105，114.

［114］张文忠，余建辉.中国资源型城市转型发展的政策演变与效果分析［J］.自然资源学报，2023，38（1）：22－38.

［115］张晓京.长江经济带湖北段水生态建设的问题、成因与对策［J］.湖北社会科学，2018（2）：61－67.

［116］张炎治，聂锐，冯颖.基于投入产出非线性模型的能源强度情景优化［J］.自然资源学报，2010，25（8）：1267－1273.

［117］张以诚.国外矿业城市的经济转型［J］.上海城市发展，2005（5）：5－8.

［118］张毅敏，张涛，高月香，等．长江沿线城市扬州的水环境问题解析及对策措施［J］．环境保护，2022，50（15）：54－57.

［119］赵莉，张玲．媒体关注对企业绿色技术创新的影响：市场化水平的调节作用［J］．管理评论，2020，32（9）：132－141.

［120］郑娟尔，余振国，冯春涛．澳大利亚矿产资源开发的环境代价及矿山环境管理制度研究［J］．中国矿业，2010，19（11）：66－69，84.

［121］郑明贵，陶思敏，刘丽珍，等．战略差异、融资约束与资源型企业全要素生产率［J］．会计之友，2024（5）：53－61.

［122］中国国土资源经济研究院．全国矿产资源规划编制研究［J］．中国国土资源经济，2018，31（11）：2.

［123］中国社会科学院当代中国研究所第二研究室国情调研组，郑有贵．资源型城市转型发展路径依赖与突破——六盘水市三线企业引领转型发展调研［J］．贵州社会科学，2014（8）：88－93.

［124］周进生，刘固望．矿业城市发展与生态环境保护［J］．城市发展研究，2009，16（8）：133－135.

［125］周亚虹，贺小丹，沈瑶．中国工业企业自主创新的影响因素和产出绩效研究［J］．经济研究，2012（5）：107－119.

［126］周羽．湖南省矿业城市转型问题研究［D］．武汉：中国地质大学，2015.

［127］朱青，国佳欣，郭熙，等．鄱阳湖区生态环境质量的空间分异特征及其影响因素［J］．应用生态学报，2019，30（12）：4108－4116.

［128］朱清，谭卫，邹谢华，等．矿业企业ESG治理与矿业可持续发展［J］．中国国土资源经济，2022，35（3）：16－21，72.

［129］Achim M V, Văidean V L, Safta I L. The impact of the quality of corporate governance on sustainable development：An analysis based on development level［J］. Economic research-Ekonomska istraživanja, 2023, 36（1）：930－959.

［130］Adomako S, Tran M D. Sustainable environmental strategy, firm competitiveness, and financial performance：Evidence from the mining industry

〔J〕. Resources Policy, 2022, 75: 102515.

〔131〕 Ahn S R, Kim S J. Assessment of integrated watershed health based on the natural environment, hydrology, water quality, and aquatic ecology 〔J〕. Hydrology and Earth System Sciences, 2017, 21 (11): 5583 –5602.

〔132〕 Alojail M, Khan S B. Impact of digital transformation toward sustainable development 〔J〕. Sustainability, 2023, 15 (20): 14697.

〔133〕 Asici A A. Economic growth and its impact on environment: A panel data analysis 〔J〕. Ecological Indicators, 2013, 24.

〔134〕 Avila R, Horn B, Moriarty E, et al. Evaluating statistical model performance in water quality prediction 〔J〕. Journal of Environmental Management, 2018, 206.

〔135〕 Beck T, Levine R, Levkov A. Big Bad Banks? The Winners and Losers from Bank Deregulation in the United States 〔J〕. Social Science Electronic Publishing 〔2024 –03 –02〕.

〔136〕 Bhatt S, Mishra A P, Chandra N, et al. Characterizing seasonal, environmental and human-induced factors influencing the dynamics of Rispana River's water quality: Implications for sustainable river management 〔J〕. Results in engineering, 2024, 22: 102007.

〔137〕 Birch G F, Chang C-H, Lee J-H, et al. The use of vintage surficial sediment data and sedimentary cores to determine past and future trends in estuarine metal contamination (Sydney estuary, Australia) 〔J〕. Science of the Total Environment, 2013: 454 –455.

〔138〕 Camilleri M. Advancing the Sustainable Tourism Agenda Through Strategic CSR Perspectives 〔J〕. Social Science Electronic Publishing, 2014, 11 (1): 42 –56.

〔139〕 Cǎpǎþînǎ C, Lazǎr G. The study of the air pollution by a surface mining exploitation from romania 〔J〕. Journal of the University of Chemical Technology and Metallurgy, 2008, 43 (2): 245 –250.

〔140〕 Chen W, Lei Y. The impacts of renewable energy and technological innovation on environment-energy-growth nexus: New evidence from a panel quantile regression [J]. Renewable Energy, 2018, 123: 1 – 14.

[141] Chen X, Jiang C, Zheng L, et al. Evaluating the genesis and dominant processes of groundwater salinization by using hydrochemistry and multiple isotopes in a mining city [J]. Environmental Impact Assessment Review, 2021.

[142] Chikkatur A P, Sagar A D, Sankar T L. Sustainable development of the Indian coal sector [J]. Energy, 2009.

[143] Deng X. Influence of water body area on water quality in the southern Jiangsu Plain, eastern China [J]. Journal of Cleaner Production, 2020, 254: 120136.

[144] Dong C Z W, MA H, ET AL. A magnetic record of heavy metal pollution in the Yangtze River subaqueous delta [J]. Science of the Total Environment, 2014.

[145] Dong C, Zhang W, MA H, et al. A magnetic record of heavy metal pollution in the Yangtze River subaqueous delta [J]. Science of the Total Environment, 2014: 476 – 477.

[146] Duan T, Feng J, Zhou Y, et al. Systematic evaluation of management measure effects on the water environment based on the DPSIR-Tapio decoupling model: A case study in the Chaohu Lake watershed, China [J]. Science of the Total Environment, 2021, 801.

[147] Ercolano S, Gaeta G L L, Ghinoi S, et al. Kuznets curve in municipal solid waste production: An empirical analysis based on municipal-level panel data from the Lombardy region (Italy) [J]. Ecological Indicators, 2018, 93.

[148] Former ministry of environmental protection of China, 2016. 12th Five Year Plan for comprehensive prevention and control of heavy metal pollution [J]. 2016.

[149] Ge J, Lei Y. Mining development, income growth and poverty alle-

viation: A multiplier decomposition technique applied to China [J]. Resources Policy, 2013, 38 (3): 278 – 287.

[150] Geng Z, Dong J, Han Y, et al. Energy and environment efficiency analysis based on an improved environment DEA cross-model: Case study of complex chemical processes [J]. Applied Energy, 2017, 205.

[151] Gharaibeh A. Environmental impact assessment on oil shale extraction in Central Jordan [J]. Freiberg Online Geoscience, 2017.

[152] Guan X, Liu W, Chen M. Study on the ecological compensation standard for river basin water environment based on total pollutants control [J]. Ecological Indicators, 2016, 69: 446 – 452.

[153] Hao Y, Guo Y, Wu H. The role of information and communication technology on green total factor energy efficiency: Does environmental regulation work? [J]. Business Strategy and the Environment, 2022, 31 (1): 403 – 424.

[154] He S Y, Lee J, Zhou T, et al. Shrinking cities and resource-based economy: The economic restructuring in China's mining cities [J]. Cities, 2017, 60: 75 – 83.

[155] Ji X, Wang X, Yang G. A water quality assessment model for Suya lake reservoir [J]. Water Science & Technology Water Supply, 2020, 20 (8).

[156] Jiao W, Zhang X, Li C, et al. Sustainable transition of mining cities in China: Literature review and policy analysis [J]. Resources Policy, 2021, 74: 101867.

[157] Kang. Pair Wise Aggregated Hierarchical Analysis of Ratio-scale Preferences [J]. Decision Sciences, 1994, 25: 607 – 624.

[158] Kumar A, Dua A. Water quality index for assessment of water quality of river Ravi at Madhopur (India) [J]. Global Journal of Environmental Sciences, 2009, 8 (1).

[159] Kumar A, Gupta J, Das N. Community resilience, corporate social responsibility and local economic development: The case of coal mining in India

[J]. The Extractive Industries and Society, 2022, 11: 101120.

[160] Kunkel S, Matthess M. Digital transformation and environmental sustainability in industry: Putting expectations in Asian and African policies into perspective [J]. Environmental Science & Policy, 2020, 112: 318 – 329.

[161] Lawrence. Cumulative Impact Assessment at the Project Level [J]. Environmental Impact Assessment Review, 1994, 12: 254 – 259.

[162] Li B, Wan R, Yang G, et al. Exploring the spatiotemporal water quality variations and their influencing factors in a large floodplain lake in China [J]. Ecological Indicators, 2020, 115: 106454.

[163] Li H, Lo K, Wang M. Economic transformation of mining cities in transition economies: lessons from Daqing, Northeast China [J]. International Development Planning Review, 2015, 37 (3): 311 – 328.

[164] Lin B, Ma R. How does digital finance influence green technology innovation in China? Evidence from the financing constraints perspective [J]. Journal of Environmental Management, 2022, 320: 115833.

[165] Lin S, Wang S, Marinova D, et al. Impacts of urbanization and real economic development on CO_2 emissions in non-high income countries: Empirical research based on the extended STIRPAT model [J]. Journal of Cleaner Production, 2017, 166.

[166] Lin Y, Fu X, Fu X. Varieties in state capitalism and corporate innovation: Evidence from an emerging economy [J]. Journal of Corporate Finance, 2021, 67 (1): 101919.

[167] Ling S, Jin S, Wang H, et al. Transportation infrastructure upgrading and green development efficiency: Empirical analysis with double machine learning method [J]. Journal of Environmental Management, 2024, 358.

[168] Lins K, Servaes H, Tamayo A. Social Capital, Trust, and Firm Performance: The Value of Corporate Social Responsibility during the Financial Crisis [J]. Social Science Electronic Publishing, 2015.

[169] Lintern A, Webb J A, Ryu D, et al. Key factors influencing differ-

ences in stream water quality across space [J]. Wiley Interdisciplinary Reviews: Water, 2018, 5 (1): 1260.

[170] Liu J, Liu Q, Yang H. Assessing water scarcity by simultaneously considering environmental flow requirements, water quantity, and water quality [J]. Ecological Indicators, 2016, 60: 434 – 441.

[171] Liu N, Liu C, Xia Y, et al. Examining the coordination between urbanization and eco-environment using coupling and spatial analyses: A case study in China [J]. Ecological Indicators, 2018, 93 (C).

[172] Long Y, Liu L, Yang B, et al. The effects of enterprise digital transformation on low-carbon urban development: Empirical evidence from China [J]. Technological Forecasting and Social Change, 2024, 201: 123 – 259.

[173] Luo H, Li L, Lei Y, et al. Decoupling analysis between economic growth and resources environment in Central Plains Urban Agglomeration [J]. Science of The Total Environment, 2021, 752.

[174] Mao W, Wang W, Sun H, et al. Urban industrial transformation patterns under natural resource dependence: A rule mining technique [J]. Energy Policy, 2021, 156: 112383.

[175] Mottaeva A, Gordeyeva Y. Sustainable development of the mining industry in the context of digital transformation [C] //E3S Web of Conferences. EDP Sciences, 2024, 531: 01032.

[176] Okhrimenko I, Sovik I, Pyankova S, et al. Digital transformation of the socio-economic system: Prospects for digitalization in society [J]. Revista Espacios, 2019, 40 (38).

[177] Pagiola S, Arcenas A, Platais G. Can payments for environmental services help reduce poverty? An exploration of the issues and the evidence to date from Latin America [J]. World Development, 2005, 33 (2): 237 – 253.

[178] Park K. T. A J, Davis W. C., ET AL. The simple analytics of the environmental Kuznets curve [J]. Journal of Public Economics, 2001.

[179] Qian X, Wang D, Wang J, et al. Resource curse, environmental

regulation and transformation of coal-mining cities in China [J]. Resources Policy, 2021, 74: 101447.

[180] Ren S, Liu Z, Du M. Does internet development put pressure on energy-saving potential for environmental sustainability? Evidence from China [J]. Journal of Economic Analysis, 2022, 1 (1): 49 – 65.

[181] Rubashkina Y, Galeotti M, Verdolini E. Environmental regulation and competitiveness: Empirical evidence on the Porter Hypothesis from European manufacturing sectors [J]. Energy Policy, 2015, 83 (8): 288 – 300.

[182] Santos E S D, Lopes P P P, Pereira H H D S, et al. The impact of channel capture on estuarine hydro-morphodynamics and water quality in the Amazon delta [J]. Science of the Total Environment, 2018, 624.

[183] Shahab Y, Ntim C G, Ullah F. The brighter side of being socially responsible: CSR ratings and financial distress among Chinese state and non-state owned firms [J]. Applied Economics Letters, 2019, 26 (3): 180 – 186.

[184] Shavina E, Prokofev V. Implementation of environmental principles of sustainable development in the mining region [C] //E3S Web of Conferences. EDP Sciences, 2020, 174: 02014.

[185] Sibanda W, Ndiweni E, Boulkeroua M, et al. Digital technology disruption on bank business models [J]. International Journal of Business Performance Management, 2020, 21 (1 – 2): 184 – 213.

[186] Simeonov V, Stratis J A, Samara C, et al. Assessment of the surface water quality in Northern Greece [J]. Water Research, 2003, 37 (17).

[187] Singh R N. Environmental Catastrophes in the Mining Industry in Australia and the Development of Current Management Practices [J]. Journal of Mines, Metals and Fuels, 1999, 47: 339 – 343.

[188] Song M, Wang S, Yu H, et al. To reduce energy consumption and to maintain rapid economic growth: Analysis of the condition in China based on expended IPAT model [J]. Renewable and Sustainable Energy Reviews, 2011, 15 (9).

［189］Steen B. A P, Ping H. , ET AL. A systematic approach to environmental priority strategies in product development ［J］. General System Characteristics, 2000.

［190］Tang Y, Akram A, Lucian-Ionel Cioca, et al. Whether an innovation act as a catalytic moderator between corporate social responsibility performance and stated owned and non-state owned enterprises' performance or not? An evidence from Pakistani listed firms ［J］. Corporate Social Responsibility and Environmental Management ［2024 –03 –02］.

［191］Uddin M G, Nash S, Olbert A I. A review of water quality index models and their use for assessing surface water quality ［J］. Ecological Indicators, 2021, 122: 107218.

［192］Wan R, Meng F, Su E, et al. Development of a classification scheme for evaluating water quality in marine environment receiving treated municipal effluent by an integrated biomarker approach in Meretrix meretrix ［J］. Ecological Indicators, 2018, 93.

［193］Wang K, Chen X, Wang C. The impact of sustainable development planning in resource-based cities on corporate ESG-Evidence from China ［J］. Energy Economics, 2023, 127: 107087.

［194］Wang K, Huang W, Wu J, et al. Efficiency measures of the Chinese commercial banking system using an additive two-stage DEA ［J］. Omega, 2014, 44.

［195］Wang K. Efficiency evaluation of multistage supply chain with data envelopment analysis models ［J］. CEEP-BIT Working Papers, 2013.

［196］Wang Q, Hu A, Tian Z. Digital transformation and electricity consumption: Evidence from the Broadband China pilot policy ［J］. Energy Economics, 2022, 115: 106346.

［197］Wang R, Jia T, Qi R, et al. Differentiated Impact of Politics-and Science-Oriented Education on Pro-Environmental Behavior: A Case Study of Chinese University Students ［J］. Sustainability, 2021.

［198］Wang R, Cheng J, Zhu Y, et al. Evaluation on the coupling coordination of resources and environment carrying capacity in Chinese mining economic zones ［J］. Resources Policy, 2017, 53.

［199］Wei X, Wang J, Wu S, et al. Comprehensive evaluation model for water environment carrying capacity based on VPOSRM framework: A case study in Wuhan, China ［J］. Sustainable Cities and Society, 2019, 50.

［200］Wolfram J, Stehle S, Bub S, et al. Water quality and ecological risks in European surface waters-Monitoring improves while water quality decreases ［J］. Environment International, 2021, 152: 106479.

［201］Wu Z, Wang X, Chen Y, et al. Assessing river water quality using water quality index in Lake Taihu Basin, China ［J］. Science of the Total Environment, 2018, 612: 914 – 922.

［202］Xing L, Xue M, Hu M. Dynamic simulation and assessment of the coupling coordination degree of the economy-resource-environment system: Case of Wuhan City in China ［J］. Journal of Environmental Management, 2019, 230.

［203］Xu G, Li P, Lu K, et al. Seasonal changes in water quality and its main influencing factors in the Dan River basin ［J］. Catena, 2019, 173: 131 – 140.

［204］Yang C, Zeng W, Yang X. Coupling coordination evaluation and sustainable development pattern of geo-ecological environment and urbanization in Chongqing municipality, China ［J］. Sustainable Cities and Society, 2020, 61 (prepublish).

［205］Yang L, Xia H, Zhang X, et al. What matters for carbon emissions in regional sectors? A China study of extended STIRPAT model ［J］. Journal of Cleaner Production, 2018, 180.

［206］York R, Rosa E A, Dietz T. STIRPAT, IPAT and ImPACT: analytic tools for unpacking the driving forces of environmental impacts ［J］. Ecological Economics, 2003, 46 (3).

［207］Zeng L, Wang B, Fan L, et al. Analyzing sustainability of Chinese mining cities using an association rule mining approach ［J］. Resources Policy, 2016, 49: 394 – 404.

［208］Zhan S, Zhou B, Li Z, et al. Evaluation of source water quality and the influencing factors: A case study of Macao ［J］. Physics and Chemistry of the Earth, Parts a/b/c, 2021, 123: 103006.

［209］Zhang C, Qiao, Q., PIPER, J. D. , ET AL. Assessment of heavy metal pollution from a Fe-smelting plant in urban river sediments using environmental magnetic and geochemical methods ［J］. Environmental Pollution, 2011.

［210］Zhang H, Xiong L, Li L, et al. Political incentives, transformation efficiency and resource exhausted cities ［J］. Journal of Cleaner Production, 2018, 196: 1418 – 1428.

［211］Zhang J, Liu C L. Riverine Composition and Estuarine Geochemistry of Particulate Metals in China—Weathering Features, Anthropogenic Impact and Chemical Fluxes ［J］. Estuarine, Coastal and Shelf Science, 2002, 54 (6).

［212］Zhang X, Zhao X, Qu L. Do green policies catalyze green investment? Evidence from ESG investing developments in China ［J］. Economics Letters, 2021, 207 (8): 110028.

［213］Zhang Y, Shi X, Qian X, et al. Macroeconomic effect of energy transition to carbon neutrality: Evidence from China's coal capacity cut policy ［J］. Energy Policy, 2021, 155.

［214］Zhang Y, Yue Q, Wang T, et al. Evaluation and early warning of water environment carrying capacity in Liaoning province based on control unit: A case study in Zhaosutai river Tieling city control unit ［J］. Ecological Indicators, 2021, 124.

［215］Zhang Y, Meng Z, Song Y. Digital transformation and metal enterprise value: Evidence from China ［J］. Resources Policy, 2023, 87 (Part

B）: 104 – 326.

［216］ Zhao C, Chen B, Hayat T, et al. Driving force analysis of water footprint change based on extended STIRPAT model: Evidence from the Chinese agricultural sector ［J］. Ecological Indicators, 2014, 47.

［217］ Zhao Q, Guo M, Feng F, et al. Path analysis of digital development on the green industrial transformation of Chinese resource-based enterprises ［J］. Resources Policy, 2024: 93.

［218］ Zhou B, Liu T. The impact of economic performance on the environmental protection orientation of mining enterprises: A case study of the Yangtze River Economic Belt in China ［J］. Resources Policy, 2023, 86 (Part A): 104 – 169.

［219］ Zhou Z, Wu Y, Xie Q. Social responsibility, information technology, and high-quality development of mining enterprise using structural equation modeling (SEM) ［J］. Resources Policy, 2024, 91: 104 – 925

［220］ Zhu M, Wang J, Yang X, et al. A review of the application of machine learning in water quality evaluation ［J］. Eco-Environment & Health, 2022, 1 (2): 107 – 116.

［221］ Zuo Z, Guo H, Cheng J, et al. How to achieve new progress in ecological civilization construction? —Based on cloud model and coupling coordination degree model ［J］. Ecological Indicators, 2021, 127.